孙亚飞·著

钟钟插画工作室－张九尘·绘

化学元素魔法课

元素的飞翔魔法

天地出版社 | TIANDI PRESS

图书在版编目(CIP)数据

化学元素魔法课. 元素的飞翔魔法 / 孙亚飞著. —
成都: 天地出版社, 2023.11
ISBN 978-7-5455-7973-4

Ⅰ. ①化… Ⅱ. ①孙… Ⅲ. ①化学元素—青少年读物
Ⅳ. ①O611-49

中国国家版本馆CIP数据核字(2023)第191993号

HUAXUE YUANSU MOFAKE · YUANSU DE FEIXIANG MOFA

化学元素魔法课 · 元素的飞翔魔法

出品人	杨　政	**责任校对**	张思秋
作　者	孙亚飞	**装帧设计**	刘黎炜
绘　者	钟钟插画工作室-张九尘	**营销编辑**	魏　武
总策划	陈　德	**责任印制**	葛红梅
策划编辑	王加蕊		
责任编辑	王加蕊　沈欣悦		

出版发行　天地出版社
（成都市锦江区三色路238号　邮政编码：610023）
（北京市方庄芳群园3区3号　邮政编码：100078）
网　址　http://www.tiandiph.com
电子邮箱　tianditg@163.com
总经销　新华文轩出版传媒股份有限公司

印　刷　北京雅图新世纪印刷科技有限公司
版　次　2023年11月第1版
印　次　2023年11月第1次印刷
开　本　787mm × 1092mm　1/16
印　张　5.5
字　数　100千字
定　价　30.00元
书　号　ISBN 978-7-5455-7973-4

咨询电话：（028）86361282（总编室）
购书热线：（010）67693207（营销中心）

前言

【讲不完的元素故事】

我们生活的这个世界是由物质构成的。

无论吃饭、睡觉，还是读书、工作，我们都离不开各种物质的帮助。那些制作餐具用的陶瓷、制作床用的木头、制作书籍用的纸张、制作电脑用的半导体，都是各式各样的物质。它们的种类太多，多到实在数不清。

很久很久以前，人们就已经注意到这个事情。他们想不通，为什么物质世界会如此多彩，如此复杂。这时候，有些人想到，很多物质可以互相转变，比如，铁会变成铁锈，木头燃烧之后会变成灰烬。既然这样，会不会所有物质的源头都是一样的呢？这个源头就像是大树的树根一样，而大树不停地生长，变得枝繁叶茂。这棵大树的每一片叶子、每一根树枝都代表了一种物质。

最初提出这个想法的是一位名叫泰勒斯的哲学家，他生活在大约2600年前的古希腊。泰勒斯认为世界万物的本源就是水。为什么这么说呢？他讲出了自己的理由：水本是一种液体，可它会结冰变成固体，还可以化作一缕烟飘走。

现在我们都已经知道，这是水在不同温度下呈现的液、固、气三种状态。无论是水、冰还是水蒸气，水这种物质本身并没有发生变化。但是，在泰勒斯生活的那个时代，人们对于物质的结构和状态还没有足够的认识，大家都觉得泰勒斯说得挺有道理的。

有些哲学家沿着泰勒斯的思路继续探索，又在水之外找到了其他一些物质的本源。后来，亚里士多德在前人的基础上，总结出了“四大元素”理论——尽管这个说法最早是由恩培多克勒提出的，但是亚里士多德让它深入人心。

所谓“四大元素”，指的是水、火、气、土这四种“元素”（也有版本译为水、火、风、地），“元素”这个词的含义就是本质。亚里士多德认为，只要有这四种“元素”，通过不同的配比，就可以配出所有的物质。而且，他还指出这四种“元素”具有冷、热、干、湿的性质，比如，水就是冷而湿的，火就是热而干的。调配不同物质的方法就是根据这些性质推演的。

尽管用现在的眼光来看，四大元素说的原理近乎荒谬，但是放到2000多年前，“元素”的思想却是非常先进的。后来，中国的哲学家也提出了“五行”的思想，包括金、木、水、火、土五种“物质”，这也是元素理论的雏形。

在亚里士多德之后，又有很多哲学家发展了四大元素说。可是1000

多年过去了，哲学家们都未能突破这个理论的框架。水、火、气、土的说法已经深入人心，甚至影响到生活中的方方面面。

直到 17 世纪时，英国有一位叫波义耳的科学家，他对亚里士多德的理论有所怀疑，写下著名的《怀疑派化学家》一书，阐述了他的看法。在他看来，关于元素的定义不应该脱离实际，而是应该从物质本身出发，找出真正的本质。因此，他认为元素应该是最简单的物质，最纯粹的物质，不能分解出其他物质。

在波义耳这个思想的指导下，早期的化学家们就开始用实验论证，到底哪些物质是不可以再被分解的纯粹物质？很快，像金、银、铜、铁、汞、铅、硫等物质就被证明是不可再分解的物质，属于元素。

而在这些化学家中，有一位名叫拉瓦锡的法国科学家居功甚伟。

拉瓦锡在实验和理论方面都很有造诣。当了解到同行普里斯特利和舍勒发现了一种能够促进燃烧的气体时，他敏锐地意识到，这是一种新的元素，并且能够彻底解释自古以来困扰思想家们的燃烧问题。

这是拉瓦锡第一次论证了燃烧的氧化反应本质。氧元素的发现，重新书写了人类的物质观。拉瓦锡乘胜追击，证明了所有元素都有实体，所以任何元素都会有质量，并且各种元素在化学反应前后，总质量并不会发生变化，这就是质量守恒定律。

不过拉瓦锡还是想不明白，为什么被他列为元素的“光”和“热”却始终称不出质量。后来，他的一些后继者证明，光和热不同于我们熟悉的各种物质，关于它们是什么的讨论，一直持续到 20 世纪初的量子力学知识大爆炸时期。

在拉瓦锡之后，道尔顿提出“原子论”，为元素理论研究补上了最重要的一块拼图。道尔顿认为，所有元素都存在最小的微粒单元，这个微粒便是原子。同一种元素的原子相同，不同元素的原子则不相同。换句话说，元素就是对物质最小单元的一种分类。如果把原子比作人，那么元素就好比人的姓氏，把不同的人群区分开来。当我们说到氧元素的时候，它既可以代表具体的氧原子，也可以是包含所有氧原子的一个概念。

有了更为精确的区分标准，科学家对元素的理解也更加深刻。到19世纪中期，已经有60多种元素被识别出来，远远超出了亚里士多德的“四大元素”说。有趣的是，按照现代元素的标准来看，水、火、气、土这四种物质都不是元素。哪怕是最初被泰勒斯寄予厚望的水，也是由氢和氧这两种元素构成的。

可是，这么多元素，它们之间存在规律吗？这个问题又让很多的科学家好奇不已。在这些人中，门捷列夫博采众长，又经过仔细的计算，在1869年公布了研究成果——元素周期表。这是世界上第一张系统编排的元素周期表，它突出表现了元素性质周期变化的特点，这个特点也被归纳成元素周期律。

在这张元素周期表问世30多年后，包括汤姆孙、卢瑟福在内的一批科学家不仅证实了原子的存在，而且论证了原子的结构，并由此揭开了元素周期律的奥秘。

这个奥秘就藏在原子的微观结构中，更具体来说，是原子核中的质子数量。原子的质子数量决定了原子核外围电子的排列方式，进一步决定了它的化学性质。因此，当原子质子数量相同时，它们就会表现出相同的特性，这便是它们被归为同一种元素的理由。随着质子数量的变化，原子最外层的电子也会慢慢增加，等到填满8个空位后，又会继续向更外层填入。这样的排列方式，造就了伟大的元素周期律。

地球上一共有 90 多种元素。当质子数量超过 82 之后，原子就会变得不稳定，有一些原子甚至只会存在几秒钟。因此，或许有一些元素曾在地球上出现过，只是我们找不到它们的踪迹了。

至此，人类并没有放弃寻找这些元素的脚步，有一些实在找不到的，就用粒子加速器之类的设备进行制造。这些不在自然界天然存在的元素被称为“人造元素”。到现在为止，包括天然元素和人造元素，人类已经发现了 118 种元素，填满了元素周期表的前七排。在本系列图书中，我讲述了其中一些元素的故事，它们影响了我们生活的方方面面。

元素的故事尚未落幕，更多的故事还在书写中。这倒不是说我们一定要继续寻找更多的元素，而是说，我们对元素的认识依然不够。比如，我们知道铑元素是一种非常杰出的催化剂，可我们无法完全知晓它发挥作用的原理；我们知道石墨烯是碳元素的一种形式，却依然算不出在这种奇妙的分子中，电子如何相互作用。

事实上，人类自身也是由各种元素构成的。2000 多年以来，人类对元素的探索从未停下过脚步。当我们探索元素的时候，我们也在探索我们自己。也许我们永远不能揭晓元素所有的奥秘，但是，这不妨碍我们努力续写这讲不完的元素故事。

孙亚飞

目录

1号元素

第一周期第 I A 族

相对原子质量：1.008

密度：0.0899g/L

熔点：−259.16 ℃

氢：世界上最大的飞艇为什么被一把火烧了？

很轻很轻的氢气

你玩过氢气球吗？它们花花绿绿地飘在空中，你要是一不小心松了手，氢气球就会直冲冲地飞上天去，再也找不到了。

那么，氢气球为什么会飞呢？

有的同学可能会说：这是因为氢气球里填充了氢气，而氢气是密度最小的气体，比空气轻得多。所以，氢气球在空气里，就像是一块儿木头在水里，会受到浮力的作用，自然就飘起来了。

易燃易爆的氢气

可是，你别看氢气球这么好玩，它可是很危险的。很多人玩着玩着，

单质沸点：–252.879 ℃

元素类别：非金属

性质：常温下为无色、无味的气体

元素应用：恒星的燃料、氢气球、合成氨、氢燃料电池、医疗等

特点：氢气是自然界中最轻的气体

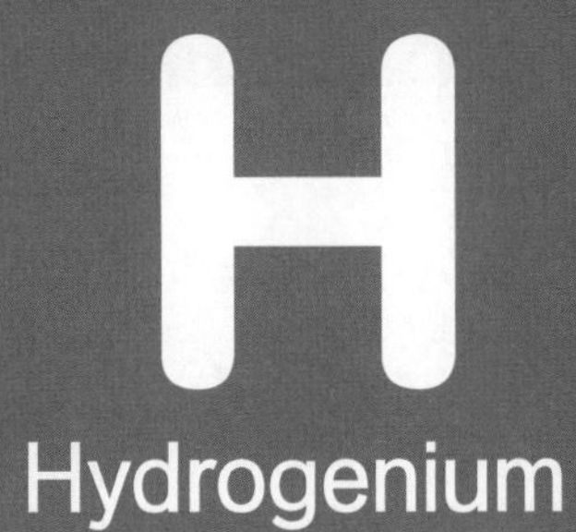

氢气球就突然间燃烧爆炸了，轻则烧掉头发和眉毛，重则烧成重伤。

原来，氢气是一种易燃易爆的气体，要是碰到了静电或是明火，很容易就会烧起来。所以一般公交车司机是不会让你把氢气球带上车的，要是氢气球在车上烧起来，那可不得了。

不过，在 200 多年前，人们却把氢气球本身做成了交通工具。他们想，既然氢气球能飘起来，要是做一个很大的氢气球，岂不是就能把人带到空中，在天上飞了吗？那时候，飞机还没有被发明出来，所以这个想法是很先进的。

后来，有一些人真的研究出了这种氢气球，它的样子就像是一艘舰艇，所以就叫它“飞艇”。飞艇的里面有很多气囊，气

囊里面填充的都是满满的氢气。飞艇上有桨，可以拐弯，也可以逆风飞行。坐着这种飞艇，能够连续飞行好几天，甚至能够跨越大西洋，不仅方便，而且很享受。

但是，为什么这种交通工具现在却看不见了呢？这就要从一次史上最严重的氢气球爆炸事件讲起了。

史上最严重的氢气球爆炸事件

大约 100 年前，飞艇还是地球上很流行的交通工具，人们会坐着它旅行。

1936 年，德国建造了一艘世界上最大的飞艇。这艘飞艇的长度大约有 240 米，大概相当于把 3 架现在最长的飞机波音 747-8 接起来那么长。它的高度超过 40 米，有 12 层楼房那么高。为什么要把飞艇做得这么大呢？

这是因为，空气的浮力和飞艇的体积有关，飞艇的体积越大，浮力就越大。但是，把飞艇做大了，飞艇本身的重量也会变大。以德国人制造的这艘飞艇为例，它足有 100 多吨重，相当于 20 头成年大象。想要让 20 头大象飞上天，需要的浮力当然很大，何况飞艇还要带上乘客和行李，那就更重了。

德国人建造出世界上最大的飞艇以后，很是得意，也不知道该给它起个什么名字。有人就想，飞艇是德国的荣耀，就用它向德国总统兴登堡致

敬吧，于是这艘飞艇就被叫作“兴登堡号”。

一开始，兴登堡号没有马上被用来给旅客乘坐，而是先绕着德国的边境线转了一圈。设计它的工程师们，还有其他一些飞艇的艇长，陪着这艘飞艇的老板一起坐在里面，就算是试飞吧。

这次试飞可不短，有 6000 多千米，相当于从北京到香港的路程的三倍。这么远的路程，兴登堡号只用 4 天就完成了，比当时的火车快多了，虽然还没有飞机那么快，但是它不会颠簸。据说在飞艇里面的桌子上竖起一支铅笔，铅笔一路都不会倒，是不是比飞机坐起来还舒服呢？

在完成这次飞行以后，兴登堡号就开始运送旅客，从德国出发，跨过大西洋，一直飞到美洲大陆。它实在是太豪华了，里面有卧室、餐厅、卫

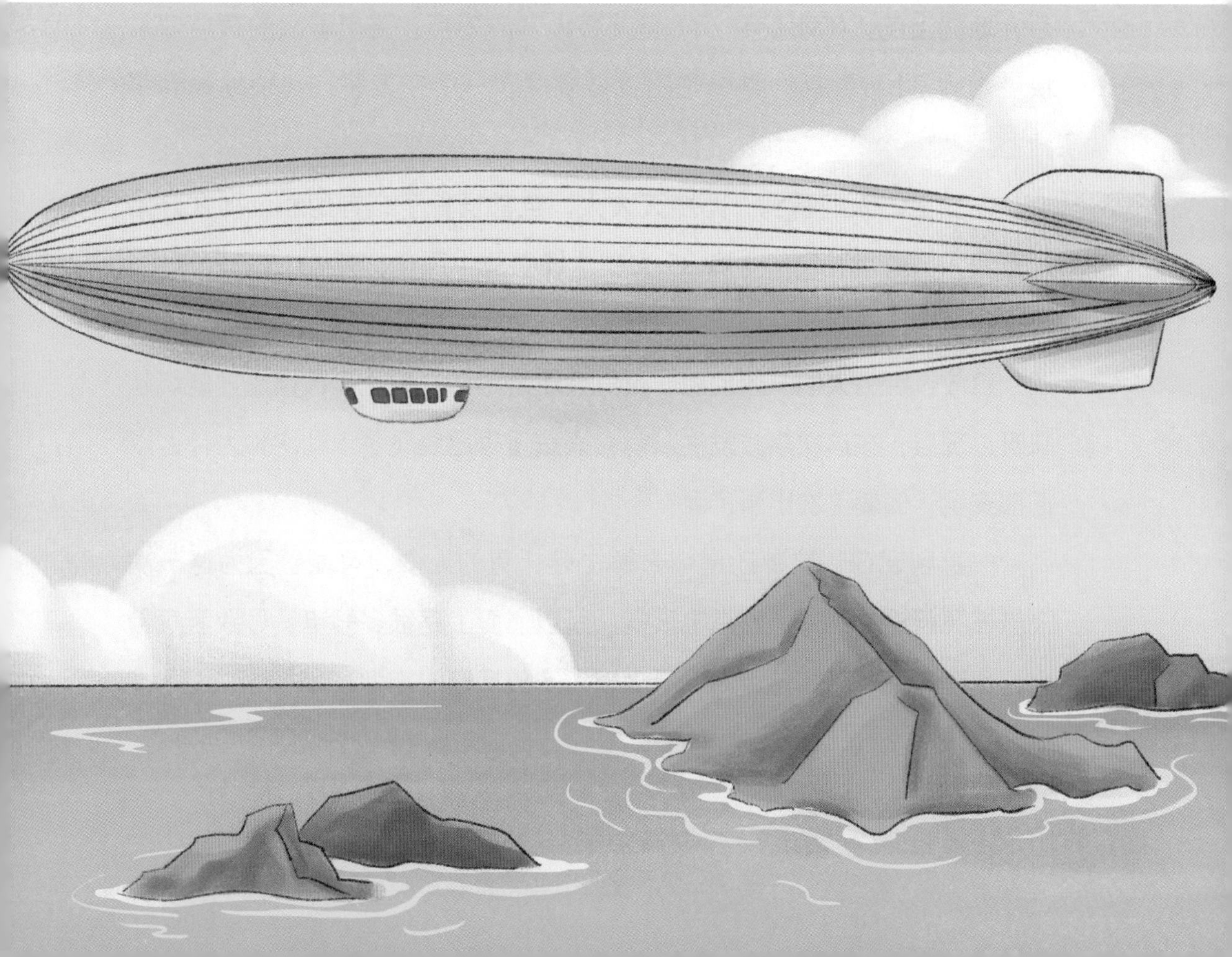

生间，甚至连吸烟室都有，简直就是个空中豪华酒店。所以，虽然票价很高，但还是有很多达官贵人争先恐后地坐这艘飞艇。飞艇的老板也很高兴，他打算再多造几艘一样的飞艇，让更多的人能够享受。

可是，谁也没想到，仅仅一年之后，悲剧就发生了。

那是 1937 年 5 月 6 日的傍晚，兴登堡号飞到了美国新泽西州的上空，按照计划准备降落。在降落的时候，飞艇只需要打开阀门，把氢气从飞艇里面放出去，让空气进去，飞艇就可以缓慢下降。

当飞艇下降到差不多的高度时，飞艇上的工作人员就会抛下一根缆绳，让地面上的人员帮忙拴起来，这样飞艇就可以准确地降落到地面上了。

可是，就在这一次降落的时候，兴登堡号从 90 米的高空抛下缆绳后，地面上的人刚刚拴好，飞艇就着火了。而且，飞艇着火的速度非常快，短短 34 秒钟后，整个飞艇就被烧成了一个空架子，飞快地掉到了地上。

地面上的人们看到一团冲天大火，全都愣住了，等到醒过神才开始忙着救人。最后，飞艇上有 35 人在这场事故中遇难，有 61 人死里逃生。这个事故堪称空中的泰坦尼克号悲剧。

事故过后，人们开始反思：氢气会燃烧不假，但也要被点燃才能烧起来呀；况且，在这次事故发生以前，兴登堡号已经飞了十几次，为什么以前都安全，偏偏这次出事了呢？

一直到现在，这都还是个未解之谜，有的人说，可能是因为这一次飞艇在飞行途中正好遇到雷电天气，所以飞艇上有很多静电，导致氢气着火；也有人说，可能是因为飞艇上被人安放了定时炸弹。

虽然不知道兴登堡号失火的真实原因是什么，但是这场事故实在是太恐怖了。在那以后，人们再也没有建造客运飞艇，就算造出来，也没有多少人敢坐了。于是，一次氢气燃烧的事故，就这么把飞艇赶下了历史舞台。

你看到的“氢气球”可能不是氢气球

在兴登堡号事故之后，虽然再也没有发生过飞艇灾难，却发生了很多次玩具氢气球燃烧事件，有很多孩子和家长都受了伤。所以，现在为了安全，那些用来玩耍的氢气球已经不让再卖了。

咦，既然不让卖了，那街上怎么还有啊？原来，遵纪守法的商人们会使用另一种气体氦气来填充气球。氦气球也能飘起来，却不会着火，很安全。所以，有时候你以为看到的是氢气球，实际上，那却是氦气球。

不过，氦气比氢气贵 10 倍还多，这就让不少人铤而走险，还是用氢气做气球。你要是买了氢气球，可千万要注意安全呀。

其实，制造兴登堡号飞艇的时候，人们已经知道氢气很危险，用氦气就没有那么容易着火。可是，同样是因为氦气太昂贵了，设计师就想到了氢气。氢元素是宇宙中最丰富的一种元素，在地球上也很容易找到。设计师们冒险用了氢气，没想到引发这么大的灾难。

氢气的大作用

说了这么多，你可不要以为氢气就只会干坏事，它还是有很大作用的。和煤炭一样，氢气着火的时候也会释放能量，而且释放的能量更多。另外，氢气燃烧，只会跟氧气反应生成水，这可比煤炭环保多了。

科学家们没有被氢气的危险吓到，开发出用氢气发电的方法。他们发明了一种氢燃料电池，把氢燃料电池装在汽车里面，只要给汽车加一些氢气或液氢，电池就会运转发电，驱动汽车前进。这是一种清洁、环保的新能源汽车。

现在，已经有一些氢燃料电池驱动的汽车试验成功了。所以，虽然我们再也不能乘坐氢气飞艇，但在将来，我们有可能会开上氢气汽车。这，就是科学的力量。

下一章，咱们讲讲氦气球里的氦。你可能想不到，在地球上这么稀有的氦元素，却是宇宙中第二多的元素，仅次于氢。这是怎么回事儿呢？我们下一章再说。

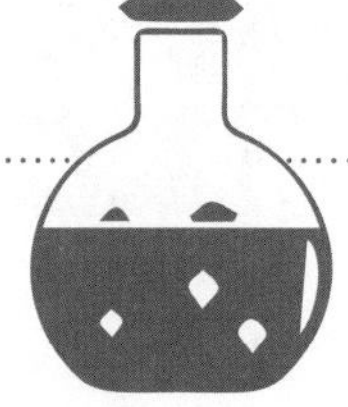

氢的重要化学方程式

1. 氢气在空气中燃烧会发出淡蓝色的火焰，生成水：

$2H_2+O_2 \xlongequal{\text{点燃}} 2H_2O$

2. 实验室中常用活泼金属和酸反应制备氢气：

$Zn+2HCl = ZnCl_2+H_2\uparrow$

3. 氢气具有还原性，在加热条件下可以将氧化铜还原为铜单质：

$H_2+CuO \xlongequal{\triangle} Cu+H_2O$

2 号元素

第一周期第 0 族

相对原子质量：4.003

密度：0.1785g/L（0℃，1atm）

熔点：–272.2℃（加压）

氦：50 年后就可能用完的元素

可怕的“氦闪”

如果你看过《流浪地球》这部电影，那你可能会对“氦闪”记忆犹新。那什么是氦闪呢？简单来说，就是太阳突然爆炸了！因为即将出现的氦闪，地球上的人们才惊慌失措，想方设法推动地球逃离太阳系，流浪在太空中，寻找新的家园。

那么，太阳好端端的，为什么会突然爆炸呢？这就跟这一章要讲的氦元素有关。

我们现在每天看着太阳东升西落，它就像一个大火球一样照着我们。但准确地说，太阳其实是飘在宇宙里的一个超大型“氢气球”！在太阳里面有很多很多氢元素，由于它们实在太多了，聚集在一起，就会发生一种叫“核聚变”的过程，引起爆炸。

不过，这和玩具氢气球着火可不一样。氢气球着火是氢气和氧气结合，但是氢元素和氧元素都没有变化。可是核聚变进行的时候，这些氢元

素就会变成氦元素，同时释放出很多热量，比氢气着火放出的热量要多得多。

太阳自从诞生以来，就一直在发生核聚变，氦元素越来越多，等多到一定程度，氦元素也会发生核聚变，产生其他元素。但问题是，氦元素可不比氢元素，它在进行核聚变的时候，可能会失控。到那个时候，太阳就会一下子变成一个比现在大得多的火球，这就是氦闪。要是太阳出现了氦闪，温度也会比现在高得多，地球也会跟着烧起来。

所以，现在你知道为什么氦闪快出现的时候，我们要带着地球一起逃跑了吧？还好，科学家们推测，就算太阳会出现氦闪，也是几十亿年后的事了，我们还不用太慌张。

安安静静的氦气

氦元素这么厉害，它到底是什么样子的呢？

在上一章，我们提到过氦气球，那里面装着的就是氦气。其实，氦气没有颜色，也没有气味，拿火来点也烧不着，在气球里特别安静。因为气球里的氦气太少了，所以它也根本不可能发生氦闪。总之，它人畜无害，

你根本不用担心它会造成什么危险。

但是，就算是这样，你最好也不要玩氦气球，因为这些氦气最终会跑到空气里面，再也不能被收集回来。氦气可是一种很宝贵的资源，要是都这么浪费了，就太可惜了。你想，就连兴登堡号那么豪华的飞艇都舍不得用氦气，导致最后发生那么严重的事故，这氦气多珍贵，就不难想象了吧？

那么，问题来了。不是说太阳里面氦元素很多吗，地球也在太阳系，怎么氦气还会稀缺呢？这个故事，就说来话长了。

氦的发现

让咱们回到 150 年前，一天，法国天文学家让森正在观测日食。他等月亮把太阳完全挡住后，拿着当时世界上最先进的一种仪器对准太阳，做了一个光谱实验。

什么叫光谱呢？

说起来其实也很简单。过节的时候，如果看到烟火，你肯定会注意到，烟火的颜色有很多种，有红的、黄的、绿的、紫的，特别好看。那烟火为什么有不同的颜色呢？就是因为烟火里面有不同的元素，不同的元素可以发出不同颜色的光。比如铜元素，就会发绿光。

既然不同元素发出的光的颜色不同，那反过来，看到什么颜色，岂不是就知道烟火里有什么元素了？没错，这就是光谱的原理。

说到太阳，我们只要使用一面棱镜，把白色的太阳光分拆成七色彩虹，就得到了太阳的光谱。现在呢，如果我们想知道太阳里究竟有哪些元素，就不用亲自跑到太阳上边拿勺子舀一勺太阳，只需要在这道彩虹里仔细寻找有哪些元素的光谱就好了。

就在 150 年前的这次日全食期间，让森发现了一种和以前所有元素都不一样的光谱。也就是说，太阳里面有一种新的元素，一种地球上从来没被人发现过的新元素。

这种怪事，可是开天辟地头一回。以前人们发现的新元素，都是在地球上发现的。而这一回，却是在太阳上发现的，在地球上反而怎么找也找不到它。

那地球上都没有它的踪迹，只靠光谱实验的结果，就说发现了新元素，这可信吗？虽然别的科学家心里犯嘀咕，可天文学家却信誓旦旦，保证光谱不会出错！于是，人们干脆就给这种元素起名为“太阳元素”，也就是这一章说的氦元素。

天文学家没有说错，太阳里面确实有很多氦元素，那是氢元素发生核聚变的结果。不光是太阳，整个宇宙里面，氦元素都特别丰富，它是宇宙里第二多的元素，只比氢少。

为什么地球上找不到氦？

可是，氦元素这个在宇宙里“烂大街”的东西，地球上怎么就找不到呢？

其实，地球上原本也有很多氦元素的，这些氦元素形成了氦气。因为氦气比空气更轻，所以它们会飘到很高很高的地方，100 千米、200 千米……飘着飘着就脱离了地球的引力，飞到太空里去了。

说到这儿，你也许会问，为什么氢气比氦气更轻，可是地球上的氢元素却不少呢？

这是因为，氢元素的“朋友”多，它会跟氧元素结合成为水，而氢、氧、碳 3 个元素加起来，就是各种有机物，比如糖果、牛排、汽油。你看，好多好多东西里都含有氢。而氦元素呢，它很孤僻，不容易和其他元素结合，它总是远离大家孤零零地待着，这就是氦气。

地球上的氢元素被它的朋友们紧紧抓住，很难溜出地球。而氦元素呢，就以氦气的形式飘呀飘，飞上高空——“我悄悄地离开地球，不带走一片云彩”。虽然这个过程很慢，可是地球已经形成几十亿年了，就这样，年复一年，氢元素还在，而氦元素已经销声匿迹了。所以，当让森发现“太阳元素”的时候，科学家们在地球上找来找去，也没找到它。

珍贵的氦气

那么，如果当初在地球上没有氦元素，那现在氦气球里的氦气又是哪里来的呢？这咱们就要感谢神奇的大自然了，因为在地球上有一些矿石还会产生氦元素。

在科学家知道太阳里面有很多氦元素以后，又过去了 20 多年，有一位叫拉姆塞的科学家，在研究矿石的时候发现了一种不认识的气体。经过努力研究，他终于发现，这就是氦气。拉姆塞是个很伟大的科学家，后面的章节还会说到他。

有了拉姆塞的发现，人们这才明白，原来地球上还残留了一点点氦元素。可是，在氦元素发现之初，人们虽然知道地球上的氦元素很少，但是觉得氦气没多少用，只能给飞艇充气，就不知道珍惜。后来才发现这太浪费了。因此到了制造兴登堡号的时候，人们已经舍不得再用氦气了。

有人估计，要是按照现在使用氦气的进度，地球上出产的氦元素已经用不到 50 年了。所以，为了节约地球上的氦元素，我们还是应该少玩氦气球。

能制冷的液氦

那氦元素除了充气球，还有什么用呢？你可别小看它。

科学家发现，氦元素因为性格孤僻，所以特别能制冷。世上所有的气体，只要让温度变得足够低，就可以变成液体或者固体。氦气也是一样，但是氦气要在零下 271 摄氏度的时候，才会变成液体，也就是液氦，是所有气体里面所需温度最低的。

这个温度实在太低了，你想啊，冬天气温刚刚转到零下的时候，我们就感到非常冷了。就算是在南极，最冷的温度也才零下 80 多摄氏度。想让氦气变成液氦，只有科学家们在实验室里才能做到。

正因为液氦的温度特别低，它有很多特殊的用途。比如你去医院的时

候，可能听说过“核磁共振”，核磁共振使用的仪器是一种很高级的仪器，可以检查出很多疾病，那里面就要用到液氦来制冷。

所以你看，氦气可不只是能够用来做气球这么简单。就算是为了将来还能好好看病，也要珍惜它呀。

下一章，咱们来讲锂元素，就是手机里面的锂离子电池的锂。它除了能造电池，还能造地球上最厉害的武器——氢弹。咦，氢弹不是用氢元素造的吗，关锂什么事儿呀？下一章，咱们就来揭秘！

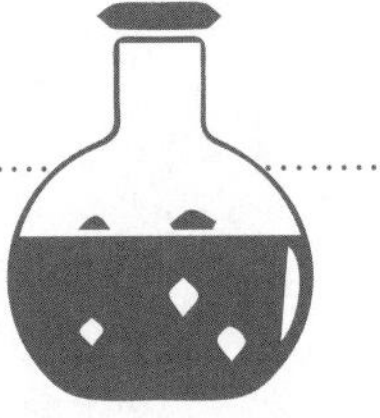

想一想，为什么氦的这一章没有重要化学方程式呢？

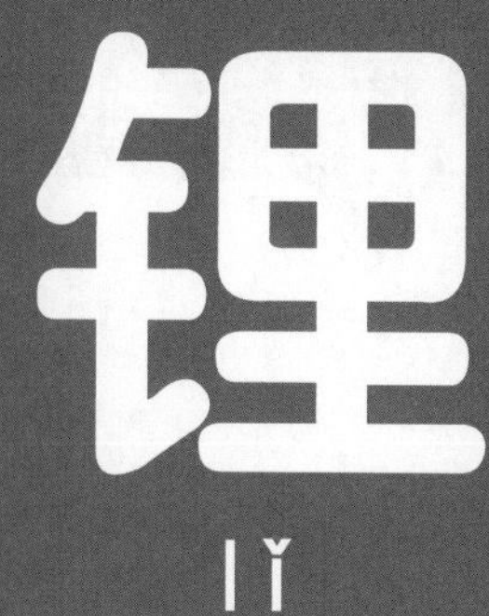

3 号元素

第二周期第ⅠA 族

相对原子质量： 6.941

密度： 0.534g/cm^3

熔点： 180.5℃

锂：像天使一样的**能量**元素

可别小瞧了锂元素

这一章，我们要认识排在第三位的元素——锂。我猜，这个元素，肯定是你最喜欢的元素之一了。因为你经常用的手机或者平板电脑都要靠里面的锂离子电池供电。要是拿掉了锂离子电池，你想要用手机和平板电脑就要时时刻刻连着充电线才行了。

你别看现在哪儿都有锂离子电池，但其实它在我们的生活中被使用的历史还不到 30 年呢。你爸爸、妈妈小时候就没有这么方便的电池可以用。

那么，锂元素在被用来造电池之前，都在忙着干啥呢？它呀，先干了一件特别危险的事情，那就是制造氢弹——世界上最厉害的炸弹。

咱们在之前说过，太阳能够发光发热，是因为氢元素发生了核聚变，成了氦元素，并在这个过程中放出了好多好多能量。那科学家就想了：在地球上也有很多氢元素呀，让它们也发生核聚变，不就相当于在地球上造

出来一个“小太阳”吗？那咱们人类就有无穷无尽的能量可以使用了。

后来科学家真的造出了“小太阳”。只可惜，因为这种“小太阳”只能在一瞬间爆发，就只能当作炸弹，而不能用来发电。你肯定猜到了——这就是氢弹呀。没错，到目前为止，氢弹还是人类已掌握制造技术的炸弹中最厉害的一种，比原子弹的威力还大。一颗氢弹爆炸的威力就可以摧毁一座大城市。

那么问题来了：氢弹这么危险，人们是怎么保存它的呢？这可不是一个小问题，要是因为保管不当，氢弹发生了爆炸，那可不是开玩笑的事情。

要解决这个问题，就需要锂元素出马了。人们把锂和氘结合起来，做成一种叫氘化锂的新物质。氘化锂平时很稳定，在需要让氢弹爆炸的时候，操作人员像扣动扳机一样，把氘化锂里面的锂元素转变成氢元素，就可以引爆氢弹了。这样一来，氢弹虽然很危险，但是保存的时候很安全。

将来，如果哪一天咱们人类找到了用核聚变发电的方法，那锂元素同样可以再次出手，为核聚变发电厂保存燃料。你看，锂元素像不像是一个能量天使？它虽然不能自己发光发热，但是它能传递能量，给人类带来希望。

每天都离不开的锂离子电池

这个能量天使，在制造完氢弹之后，它又是怎么钻进电池里，飞入寻常百姓家的呢？我们还是从手机电池讲起吧！

你要是看过一些香港拍的老电影，会经常看到一种黑色的手机，像块儿砖头，拿在手上很有气势。

那可不是一般的手机，而是世界上最古老的“移动电话”，在 1973 年就被发明出来了。当时，它的售卖价格也很贵。30 年前，它来到中国的时候，一部要两三万块钱。对于当时的一个工人来说，就算每天不吃不喝，也要五六年的工资才买得起。

中国人还给它起了一个很有意思的名字，叫“大哥大”。据说这个名字也是从香港流行起来的。你看这个名字多形象，它的价格这么贵，能够使用它的都是一些大哥。而且，它的体积真的很大，叫大哥大太贴切了。

那个时候，人们追求的幸福生活是“楼上楼下，电灯电话”。比这更好的生活，就是“出门小汽车，手拿大哥大”。你看，大哥大直接和汽车一个档次了，说明人们真的很羡慕拥有大哥大的生活。

可是对那些真正拥有大哥大的人来说，虽然使用大哥大很有面子，但是也经常被它搞得灰头土脸。

在香港老电影里，你可能经常会看到一个情节：一个大哥，拿着大哥大正在打电话，说到关键的时候，大哥大就没电了。

你可能会觉得这些编剧太没常识了，这么贵的东西，怎么会突然就没电了呢？难道用它的人都不知道提前充电的吗？

但是，这种情况，在用大哥大的时候还真是经常会发生，原因就出在电池上。

我们平时用的那些电池，比如遥控器里的 7 号电池，或者游戏机里的 5 号电池，它们用到没电以后一般就要送到回收站了。因为这些电池都不能充电，是一次性的。

电池如果不能充电的话，很多东西用起来就太不方便了。比如汽车里的蓄电池。所以，人们发明了一种铅酸蓄电池，放在了汽车里，它是可以充电的。可是这种蓄电池很危险，因为它里面用了铅和硫酸。铅是一种有毒的重金属。硫酸就更恐怖了，要是谁的手不小心碰到硫酸，连皮肤都会被它给烧化的。

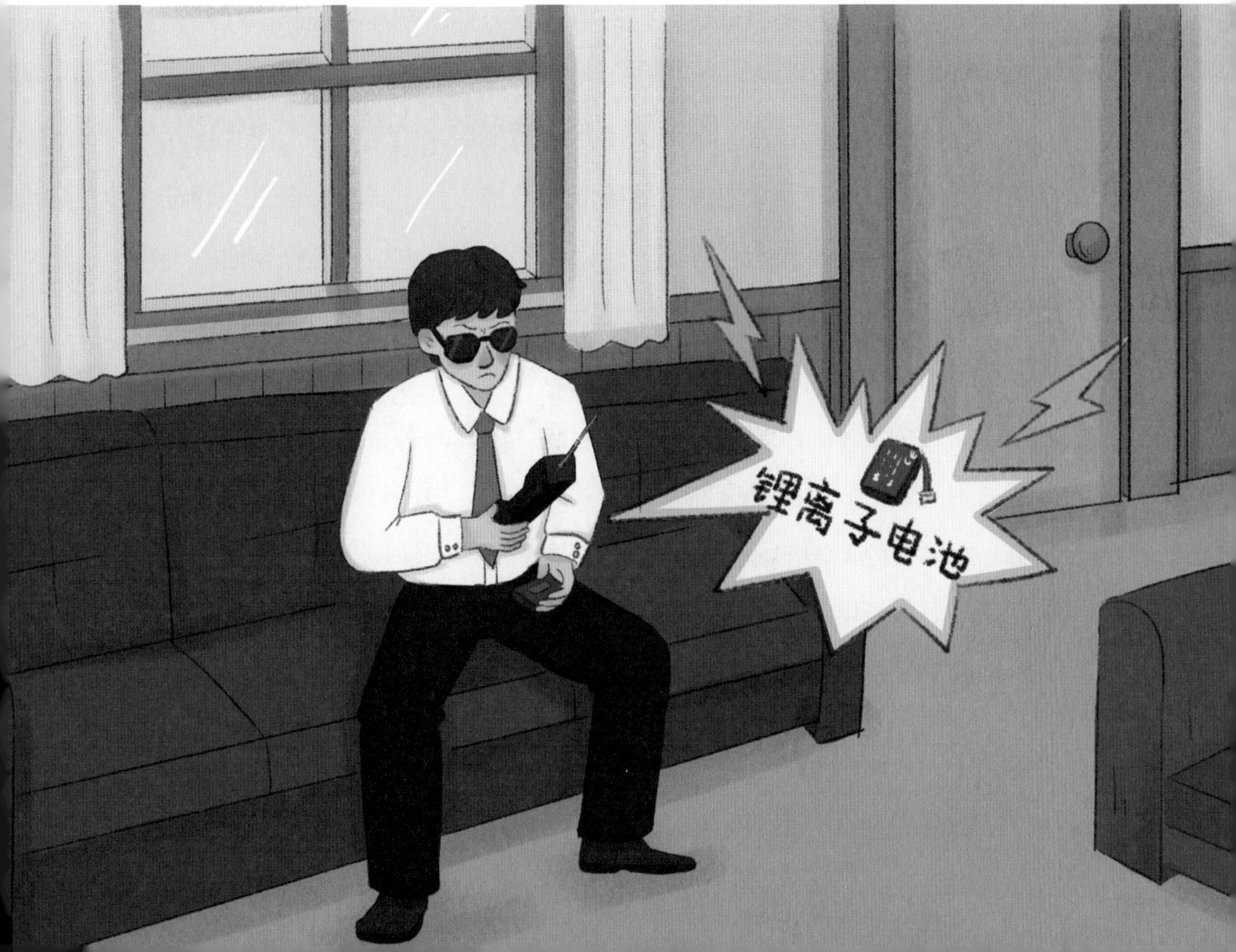

因此，这种可以充电的电池，用在汽车里还凑合，用在移动电话里就太不安全了。

于是，人们又发明出了一种镍镉电池，用的是镍元素和镉元素。这两个元素也很有意思，后面你还会读到它们的故事。早期的大哥大用的就是镍镉电池，打着打着电话就没电，问题就出在镍镉电池上。

虽然这种电池已经是当时世界上最先进的一种充电电池了，但是它有一个怪脾气，就是有记忆效应。一个新的镍镉电池买回来，它的电量可能只有三分之一。如果这个时候你不去充电，而是直接使用它的话，那么等这一次的电用完再去充电的时候，电量充到三分之一的时候就很难再充进去了。或者，一个电池充满了电，才用到一半的时候就去充电，下一次再用的时候，剩下的那一半电量就很难用掉了。所以，这种电池就像是有记忆功能一样，总是会记住以前的电量，人们就把这种现象叫作“记忆效应”。

要是出现了记忆效应，电池的使用寿命就会大大下降，大哥大也就不能正常使用了。一块儿大哥大专用电池的价格，差不多是一个工人两三个月的工资，而且还不一定买得到。所以，使用大哥大要想延长电池的使用寿命，只能采取一个办法：等到大哥大彻底没电以后，充电 10 个小时以上，这样做才能保护电池。

可是这样一来，大哥大在使用的时候，就算只剩了一点点的电，也还得继续用。这时候，要是突然有一个紧急电话，也许打着打着大哥大就会没电。所以，电影里的那些情节都是真实的。哪里像现在的手机都小巧玲珑，随时可以充电。

那么，又贵又不方便的大哥大，又是怎么进化到今天这样方便的手机

的呢？

这事儿啊，锂元素可帮了大忙。

30 多年前，有一位叫古迪纳夫的科学家发明出了一种锂离子电池，当时他已经快 60 岁了。

锂离子电池是一种用锂元素导电的电池，和其他电池的原理都不一样。而且，锂很轻，做出来的电池虽然很小，但是电量却很足。更关键的是，它没有记忆效应。

于是，锂离子电池被发明出来以后，马上就被用在了大哥大里面。用了锂离子电池以后，大哥大再也不需要做那么大了，甚至还没有手掌大，所以就被叫作手机。而且，现在的手机可以随时充电，电池也不会因为记忆效应而不能用，非常方便。

不只是手机，现在的各种电子产品，比如照相机、游戏机等，用的可都是锂离子电池。可以说，锂离子电池改变了这个世界。也正是因此，发明锂离子电池的古迪纳夫在 2019 年获得了诺贝尔化学奖。这一年他已经 97 岁高龄，是诺贝尔奖 100 多年历史上，获奖年龄最高的科学家。

它的成就可不仅如此

更好玩的是，锂离子电池不光成就了诺贝尔奖得主，还成就了一位世界首富。

在 10 多年前，有个美国年轻人看到锂离子电池这么厉害，他就想：

是不是也能把锂离子电池用在汽车上呢？既然几节锂离子电池就可以驱动一辆玩具汽车，那么要是把几千个电池排在一起，是不是就能驱动一辆真正的汽车呢？

于是，他投资了一家叫特斯拉的汽车公司来验证这个想法。结果，这个设想成功了，这种汽车只需要用锂离子电池驱动，不需要加油，也可以行驶几百千米。等到电池的电用完以后，再充电就可以了，和手机的用法一样。

仅仅是几年的时间，科学家研制的用锂离子电池驱动的汽车就已经遍布大江南北。如今，你要是在路上看见绿色牌照的汽车，很可能用的就是锂离子电池。

电动汽车发展得这么快，那个年轻人也赚到了很多钱。在 2021 年 1 月 7 日，有新闻报道称他已经是世界首富了，他就是既造汽车又造火箭的埃隆 · 马斯克。

怎么样，锂元素是不是一个像天使一样的能量元素？它自身蕴含的能量虽然不多，可它能够传递能量，让我们随时随地都能用上电，让我们的生活更加便利。

下一章，咱们来说说硼元素。如果你玩过水晶泥，那么你可要当心了，这里面含有的硼元素是有可能危害身体健康的，就连号称“打不死”的蟑螂都会被它给毒杀掉。那么，水晶泥还能不能玩了？咱们下一章再来揭秘。

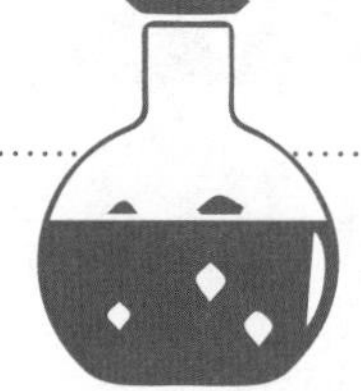

锂的重要化学方程式

锂与氧气反应，生成氧化锂：

$4Li+O_2 = 2Li_2O$

pénɡ

5 号元素

第二周期第 ⅢA 族

相对原子质量：10.81

密度：2.34g/cm^3

熔点：2077℃

硼：是谁让怪物史莱姆染上了毒？

罕见的顶级宝石

你见过爸爸、妈妈佩戴首饰吗？那些首饰有金的、银的，还有各式各样的宝石。

如果我问你，哪种宝石最稀罕，你会怎么回答？是钻石、红宝石、翡翠、玛瑙，还是祖母绿？

没错，这些都是非常珍稀的宝石，它们的价格都不便宜。可是，它们却还算不上顶级。比如钻石，很多人结婚的时候都会买一枚珍贵的钻戒戴上，但是世界上的钻石还有很多，哪怕所有人结婚都买钻戒，再过几十年也用不完。而且，钻石还能人工制造，那就更不稀罕了。

在钻石、红宝石、翡翠、玛瑙面前，有一种宝石却敢说“在座的各位都是垃圾”。因为吉尼斯世界纪录认证过，它是最罕见的宝石，它的名字叫红硅硼铝钙石。这个硼就是这一章要介绍的元素了。

人类在 1951 年才发现这种宝石，又花了很多时间在全世界寻找，一

单质沸点：4000℃
元素类别：非金属
性质：有多种同素异形体，无定形硼为棕色粉末，晶体硼呈灰黑色
元素应用：杀虫药、水晶泥史莱姆等
特点：化合物应用较广

共也没找到几颗。据说，这种宝石的价格是钻石的几十倍。但是，因为它太稀缺了，能够收藏这种宝石的，要么是大收藏家，要么是研究机构，谁也不会舍得把它卖掉。

听它的名字就知道，红硅硼铝钙石是红色的，而且至少含有四种元素，硅元素、铝元素、钙元素和硼元素。其中，硅、铝、钙是很多石头里都有的元素，在每家每户的瓷器里也能找到它们。所以你看，红硅硼铝钙石之所以珍贵，跟硅、铝、钙没多大关系，主要还是硼元素的功劳。

实际上，还有很多含有硼元素的宝石，都是非常罕见的品种，比如硅硼镁铝石、硅硼钾钠石、硼铝石等，它们全都价值连城。

你的玩具里也藏着硼元素

那为什么含有硼元素的宝石这么珍贵呢？很可惜，科学家们也给不出完美的答案，因为硼元素在世界上并不少见，就连玩具里面都有它。

你可能玩过一种“泥巴”，它就像面团一样，可以捏成各种形状。它虽然很黏，但是不容易粘手，装在杯子里就和水晶一样晶莹剔透，所以

人们都喜欢叫它水晶泥。要是给水晶泥里加一些色素，变成五颜六色的就更好看了，难怪很多人都爱不释手。

这种水晶泥还有一个外号，叫作“史莱姆”。

什么，史莱姆？那不是一种可怕的、黏糊糊的怪物吗？

没错，史莱姆在很多故事里面都出现过。比如有一部很有名的动漫影片叫《海贼王》，你可能也看过，其中就有一种史莱姆怪物，名字叫斯迈利，那可是一个很难对付的狠角色。它还有个外号叫“死亡国度”，听起来就叫人感到阴森恐怖。

《海贼王》里的史莱姆就像是一块儿巨大的水晶泥，浑身就像火山熔岩那样通红。它移动的时候就更可怕了，所到之处山崩地裂，它张着血盆大口，好像随时能把人吞下去。

这还不是史莱姆最可怕的地方。它最可怕的地方在于用刀去砍它、用枪去射击它，哪怕用炸弹去轰炸它，都无济于事。它就和我们手里面玩的水晶泥一样，就算四分五裂，揉在一起以后，又是一个完整的史莱姆。

总之，用这些办法根本不能伤害它，史莱姆不仅不会死，还会把它身上的毒液溅得到处都是。这也是动漫影片中史莱姆的一个技能，它浑身

上下都沾满了毒液，而且毒性非常强。毒液只要在一片湖里面滴上几滴，就会让其中的鱼儿全部死掉。后来，人们又用火去烧它，可它却和太上老君炉子里的孙悟空一样，怎么烧都烧不化，还是很有精神。

不过史莱姆虽然不怕火，却有些怕水。它不仅是个野蛮的大魔头，还很狡猾。为了能够顺利地渡过湖去，它就把自己拆成一个个分身，然后再变形成一只蜥蜴。蜥蜴先把分身一个个地含到嘴里，再用力喷到湖的对岸，最后摆脱负担的它再嗖的一下跳过去，和这些分身合体。过程就像玩水晶泥的时候我们经常做的事情一样，把水晶泥撕成一块儿一块儿的，又揉到一起。

这个动漫故事最后令人非常意外的是，史莱姆吃下了一块儿糖果，这颗在它的身体里面融化的糖就把它毒死了。没想到吧，这么凶神恶煞的史莱姆，居然会被糖果给毒死。

那么这只史莱姆到底是什么，它又是怎么出现的呢？

原来，在《海贼王》的故事里面，有一个大坏蛋叫凯撒。他原本是海军科学部队里的一名科学家，在一个岛屿上研究各种新式武器。可是，他的运气不太好，研究发生了事故，把岛屿炸得面目全非。于是，他就被关进了监狱。

但凯撒又想办法逃了出来，回到了他在岛上的研究所。凯撒非常残暴，动不动就杀人，而且他还在研究一种很可怕的杀人机器。

这个时候，岛上充斥着一种叫硫化氢的毒气。等读到硫元素那一章，你就会知道硫化氢的确是一种有毒的臭气。岛上全是这种有毒气体，肯定就没办法生存了。凯撒本应该想办法把这些毒气净化掉，可是邪恶的他却动了坏心思，他把这些毒气收集起来，压缩成了一个怪物，这就是史莱姆的来历。

其实，在英语里面，史莱姆有烂泥的意思。凯撒是用气体压缩做出来的史莱姆，因此它没有骨头，浑身上下柔软得很，看起来就像是烂泥一样。给这个怪物起名“史莱姆”，那是再合适不过了。

除了《海贼王》，还有很多小说和游戏里也能看到史莱姆。比如游戏《我的世界》里，在沼泽附近就会出现史莱姆。还有电影《毒液》里的毒液怪物出场时，人们想到的也是史莱姆。

总之，史莱姆就是这样一种怪物，它可以渗透到任何地方，就算分成碎片之后也不会死掉，而且还有剧毒。

说了这么多，你是不是有点儿害怕，不敢玩水晶泥史莱姆了？请不要太担心，我们平时用来玩耍的史莱姆，远远没有这么恐怖，但它确实有毒。

和凯撒用硫化氢毒气压缩成的史莱姆不一样，玩具史莱姆一般是用胶水做成的。胶水里面有一种黏液成分，水晶泥就是因为它粘在了一起，就算被切开也还可以重新粘回去。但是只用胶水还做不成史莱姆，因为胶水实在太黏了，会粘得满手都是，就不能捏着玩了。

这时候就轮到硼元素上场了。

在自然界里，有一种很常见的矿物叫硼砂，它里面就含有硼元素。把硼砂加到胶水里面，硼元素就会和胶水的成分互相连接在一起。打个比方，你观察过蚂蚁吗？一群蚂蚁平时找食物的时候，就像是各自在散步，爬得到处都是。但是，如果在一群蚂蚁里面放上几块儿方糖，蚂蚁就只会围着方糖转了。史莱姆里面的胶水，就好比是蚂蚁，硼砂就像是方糖，让蚂蚁不会到处闲逛。

这样一来，史莱姆虽然还是很黏，但它只会团在一起，不会粘到手上了。

只是硼砂也有个缺点，就是有毒。你可能听说过，用硼砂就可以杀掉号称“打不死”的小强，也就是蟑螂。这是因为硼砂对于蟑螂来说是有毒的。对人类来说，硼砂的毒性虽然不是很强，但也不能忽略，日积月累地接触它也会导致中毒。

所以，水晶泥史莱姆虽然有点儿像果冻，但千万不要好奇，真把它当果冻吃了。就算是玩耍的时候，你也要戴上手套，防止里面的硼元素借助手上细小的伤口通过皮肤进入体内。

还有更多用武之地

其实，硼砂不只是做成史莱姆之后很好看，它本身就很好看。硼砂很容易溶解在热水里面，等到热水的温度降下来以后，它又会变成漂亮的晶体，就像细小的宝石一样。哪怕是平淡无奇的硼砂，也可以展现出很美的一面，怪不得含有硼元素的宝石那么好看呢。

而且，硼砂还能制造玻璃。加了硼砂造出来的玻璃叫高硼硅玻璃。天气寒冷的时候，突然往普通玻璃杯里倒热水，普通玻璃杯可能会炸裂，但如果用的是高硼硅玻璃就不会有这样的危险。硼砂还可以加工成硼酸，硼酸也能杀灭蟑螂。在医院里硼酸经常会被用来消毒杀菌，还能够治疗一些皮肤病。

所以，你别看硼元素有一点儿毒，但它可不是史莱姆怪物那样的剧毒，更不是像史莱姆那样丑陋。它有很多奇怪的特性，确实称得上是一个怪物元素，可是这样的怪物不仅不可怕，还有些可爱呢！

下一章是碳元素的故事。有一位非常有钱的科学家，在家没事儿就烧钻石做实验，硬生生把钻石烧成了气体；还有一位科学家呢，费了多年工夫，终于把黑乎乎的煤炭压成了钻石。他们这玩儿的是什么魔法？咱们下一章见！

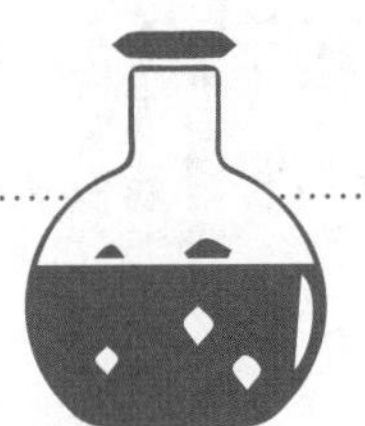

硼的重要化学方程式

1. 硼不与盐酸反应，但可以与热浓硫酸反应生成硼酸：

$2B+3H_2SO_4$（浓）$=2H_3BO_3+3SO_2\uparrow$

2. 在氧化剂的作用下，硼和强碱共熔得到偏硼酸盐：

$2B+2NaOH+3KNO_3=2NaBO_2+3KNO_2+H_2O$

6 号元素

第二周期第 IV A 族

相对原子质量：12.01

密度：$2.23g/cm^3$（石墨）

$3.51g/cm^3$（金刚石）

熔点：4489 ℃（石墨）

碳：谁是第一个把石墨变成钻石的人？

美丽的钻石是什么做的？

在开始讲这种元素之前，我想先问你一个问题：你觉得，世界上最闪耀、最光彩夺目、最好看的东西是什么？

我猜，有很大的概率你会说是钻石。没错，很多人都会觉得切割精美的钻石是这个世界上最漂亮的东西了。你可能听说过，钻石还有另一个名字叫金刚石。意思是，它是最坚硬的东西，象征着永恒。也没错，钻石是所有矿物当中硬度最高的一种。所以，在古代很多人都想知道，这么美又这么坚硬的钻石，它到底是由什么东西构成的呢？

不过，古代人们认识世界的手段还比较简单，所以不太可能弄清楚钻石到底是怎么回事儿。而且，钻石又很贵，也不可能随随便便就拿过来做个实验的。这种情况，直到 18 世纪才发生了变化。

那个时候，法国有一个伟大的化学家，名字叫作拉瓦锡。他跟其他的

科学家不太一样，他是个贵族，而且，还不是普通的贵族，是很有钱的贵族。他有钱去做一些其他科学家想都不敢想的实验，比如在其他科学家看来金贵无比的钻石，在他的眼中，跟其他的实验材料并没有什么太大的区别。

有一天，他灵机一动，想弄清楚钻石到底是个什么东西。于是，他找来一颗钻石，放在一个玻璃瓶里。然后，在玻璃瓶外面用放大镜把太阳光汇集到钻石上。结果，钻石燃烧了起来，最后竟然烧得什么都不剩了。

拉瓦锡简直不敢相信自己的眼睛——倒不是心疼钻石，而是搞不懂，为什么钻石烧完之后一点儿残渣都没有。既然没有残渣，那就说明钻石变成了气体。于是，他又开始在瓶中的气体里寻找钻石的踪迹。也不知道他做了多少次实验——反正他也不心疼钱啦——最后，他终于证明，钻石是和空气中的氧气发生了化学反应，变成一种叫二氧化碳的气体。

但这个结果更让他吃惊了。因为在当时，人们只知道像煤炭这样的东西烧过以后，会产生二氧化碳。这就

不对劲了，难道透明的钻石和黑乎乎的煤炭之间存在某种联系吗？

拉瓦锡发表了自己的实验结果。其他科学家都不太相信实验的结果，猜测他会不会是搞错了。按理说，这些科学家应该自己去做一下这个实验，来验证一下。不过，他们都不太富裕，谁也不像拉瓦锡那样，能够随便用钻石做实验，所以也就没有办法了。

后来，终于有一位叫摩尔沃的法国科学家，他鼓起勇气，花掉毕生的积蓄买了一颗钻石。当然，他不是为了做实验，而是准备当作结婚戒指送给未婚妻的。可就在钻石到手，还没有送给未婚妻的时候，摩尔沃突然心思活络了起来，竟然用这颗钻石做起了实验。他的实验和拉瓦锡不太一样，是隔绝了空气再对钻石加热，结果那颗钻石竟然变成了石墨。石墨这个名字你听着陌生，但其实每天都会用到，它就是铅笔芯里的主要成分，和煤炭的结构差不多，所以也是黑乎乎的样子。

有了这个实验结果，我们就能够明白，钻石和石墨其实都是由碳元素形成的，只是结构不太一样。这对当时的人们来说，真的是太颠覆认知了。不过，书上没有记载，摩尔沃在做完实验以后有没有顺利地结婚……

我们能不能做“人造钻石”呢？

但话又说回来了，既然钻石可以变成不值钱的石墨，那么反过来，石墨是不是也能转变成钻石呢？沿着这个思路，科学家们努力了 100 多年，却没有任何收获。

为什么钻石只要加热就可以变成石墨，而石墨却很难变成钻石呢？打个比方你就明白了。假如给你一只碗，碗里装满了芝麻。这个时候，如果要你把碗里的芝麻倒在地上，那很简单，你把碗翻个底儿朝天就好了；可是，要想把倒在地上的芝麻全都收回到碗里，就非常难了。把钻石变成石墨，就有点儿像是倒出芝麻，而把石墨变成钻石呢，那当然就像捡回芝麻啦。

难归难，科学家还是要努力啊。不过，其中一些人就闹出了大笑话。

比如说另一位法国科学家莫瓦桑吧。这个人蛮厉害的，咱们后面还会说到他。他经常和人说起，他发现了一种方法可以把石墨变成钻石。可是，其他人用他的方法试了试，却总是会失败。人们觉得，他一定是隐瞒了其中重要的信息。等到他去世以后，有人花重金购买了他的实验手稿，这才找到了真相。

原来，莫瓦桑试图用通电的办法，让石墨变成钻石。于是，他就让助手去做这个实验。可是，助手怎么做都不成功——这是当然，现在大家知道了，靠通电这么简单的方法，是无法把石墨变成钻石的。但那时候的莫

瓦桑不相信啊。于是，助手就买了一颗真钻石，偷偷地混进了石墨里。看见这颗钻石，莫瓦桑误以为自己成功了，一直到去世时都被蒙在鼓里。

虽然莫瓦桑这是无心之失，但当时确实有很多骗子，声称自己能够把石墨变成钻石，骗取钱财。所以到了后来，一说起石墨变钻石，人们都不相信了。

碳元素的华丽变身终于成功

在美国，有个叫霍尔的工程师觉得自己的办法能成功，而且只需要很少的研究经费。虽然其他人并不赞同他的方法，甚至把他看成是一个沽名钓誉的骗子，但他依然坚持在实验室里做实验，一做就是好几年。

根据他的计算，石墨要在很高的温度下才能转化为钻石，起码得 2000 摄氏度。但问题是，石墨在加热以后，会和氧气发生反应变成二氧化碳，所以还要隔绝空气。更重要的是，让石墨转化为钻石，需要很大的压力。打个比方吧，如果想把米粒儿那么大的一颗石墨变成钻石，就需要在隔绝空气加热的同时，在米粒上面再压上一头大象。

虽然这是很复杂的实验，但霍尔还是设计出各式各样的方案。他是一位非常出色的工程师，而且还精通化学。就在 1954 年的圣诞节，他终于成功了。打开实验装置的那一刻，他看到了很多闪闪发光的东西，就像星星一样。经过检测，他证实这就是用石墨做成的钻石。就这样，霍尔成为历史上第一个用石墨做出钻石的人。

宝剑锋自磨砺出，碳元素也是一样。要是没有很高的温度，不经历很大的压力，碳就只是一块儿毫不起眼的黑炭，质地柔软，还很廉价；但是变为钻石以后，它就光彩夺目，价值连城了。

自然界中的钻石，也是经历了这样的过程才成形的。在地面以下很深的地方，碳元素被挤压在一起，经受着地球内部炙热的烘烤，最后完成了华丽的蜕变。对霍尔来说也是一样，他忍受着别人的嘲笑和不解，总是一个人扛下所有，最后解开了这个 100 多年来无人能够破解的难题，实在是太了不起了。很遗憾的是，霍尔的研究成果被别人窃取，他并没有因为这个发明就变成大富豪。

下一章，我们来说说空气中含量最多的元素——氮。你别看它含量多就以为它性质稳定、脾气好，它暗地里可绝对是一个暴脾气的家伙！下一章我们一起来读读氮的故事吧！

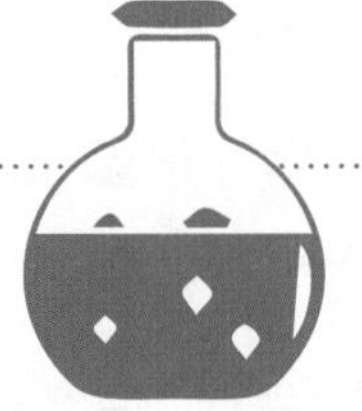

碳的重要化学方程式

1. 碳在氧气充足的条件下充分燃烧可生成二氧化碳，在氧气不充足的条件下不充分燃烧则生成一氧化碳：

$C+O_2 \xlongequal{点燃} CO_2$

$2C+O_2 \xlongequal{点燃} 2CO$

2. 煤气的主要成分是一氧化碳。一氧化碳燃烧发出蓝色的火焰，生成二氧化碳并放出大量的热量：

$2CO+O_2 \xlongequal{点燃} 2CO_2$

dàn

7号元素
第二周期第ⅤA族
相对原子质量：14.01
密度：1.251g/L（0℃，1atm）
熔点：-210 ℃

氮：空气中含量最多的元素竟然是个暴脾气？

非常稳定的气体

这一章，咱们要说的是氮元素。看到它的名字，你一定猜到了，氮是一种气体。实际上，氮应该算得上是你平时接触到的最多的一种元素了。因为，你一定是无时无刻不在呼吸着空气的。而空气当中，有将近 78% 都是氮气。没错，咱们真正需要的氧气，大约只占 21%。所以你看，氮气虽然很多，很容易接触到，但是它跟咱们的呼吸没什么关系。燃烧的时候也是这样，比如氢气燃烧的时候，就是和氧气反应，不和氮气反应。

所以，氮气是一种非常稳定的气体。这就让氮气有了很多奇妙的用处。比如说，除了在空气当中，你还会在另一个地方碰到它，那就是薯片之类脆脆的零食包装里。为了保护这些零食在运输和储存的过程中不被压碎，包装袋里充满了氮气，既保护了零食，又避免细菌在里面繁殖。这样零食就可以安全地保存很长时间了。

单质沸点：-195.8 ℃
元素类别：非金属
性质：常温下为无色、无味的气体
元素应用：氮肥、炸药、食物保鲜等
特点：氮气约占大气体积的 78%，
氮气分子是最稳定的双原子分子

Nitrogen

正是因为氮气总是显得这样平淡，中文里最早就称呼它为淡气，意思是很平淡的气体，后来才改成了气字头的氮。

隐藏的暴脾气

可是，你可千万别觉得，氮气就是安稳又平淡的。它呀，暗地里绝对是一个暴脾气的家伙。人类文明里 1000 多年的炸药史，实际上就是一部氮气暴跳如雷的发脾气史。

这是怎么回事儿呢？咱们要从炸药的老祖宗——黑火药讲起。

你肯定知道，黑火药是咱们中国古代的四大发明之一。它的里面主要有三种成分：木炭、硫黄和硝石。木炭很常见，硫黄也不难找，那么硝石呢，这个名字听起来有些陌生。

硝石非常重要，如果只有木炭和硫黄，就只能燃烧，有了硝石，火药才能爆炸，才能用来制造爆竹和炸弹。

一开始，人们是在湖水旁边发现了这种神奇的东西。他们发现，有时候岸边会“长出”像雪一样白花花的晶体。这就是硝石。阿拉伯人看到硝石以后特别惊奇，给它起了个名字叫“中国雪”，高价卖到了欧洲。

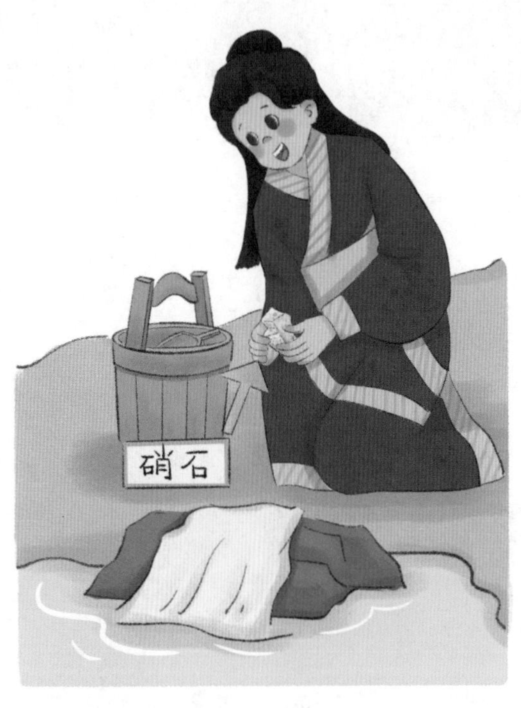

硝石之所以能卖出高价，就是因为它与黑火药的关系。它刚刚出现的时候，可是战场上的大杀器啊。不过，如果想大规模生产黑火药就会遇到一个问题——硝石不够。你想啊，要从湖水边收集硝石，可多麻烦啊。要是能人工制造硝石，那该多好呀！

但问题在于，当时的人们根本就不知道硝石究竟是什么东西，人们认识的元素有限，科学水平也不够，硝石对于他们来说，简直就是神秘的魔法石。

就这么迷迷糊糊过了几百年。直到 18 世纪，法国的大化学家拉瓦锡才终于破解了这个谜题。在此之前，人们已经弄清楚了一件事情：黑火药之所以会爆炸，是因为硝石在加热之后，在短时间内就会释放出大量的气体。沿着这个思路，拉瓦锡继续研究，发现加热后硝石释放出来的气体，跟空气当中的重要成分竟然是一样的。他给这种气体起了个名字，叫作“硝石产生的气”，真是个很朴实的名字。

你肯定猜到了，这就是氮气呀。既然硝石能产生氮气，那么反过来，用氮气制造硝石行不行啊？在拉瓦锡之后，化学家们又研究了 100 多年，才终于做到了这一点。不过，在这个时候，早就有一样厉害得多的东西，取代了黑火药。

黑火药为什么会爆炸呢，就是因为在短时间内制造出来了太多的氮气。所以，无论什么东西，只要能达到这个目的，那就可以做成火药了。沿着这个思路，科学家们很快就发现了一种新的火药，叫硝酸甘油。硝酸甘油可比黑火药厉害多了。假如说硝酸甘油是一只凶狠的老虎，那黑火药就只是一只温柔无害的小猫咪。

这只老虎虽然威力巨大，却也有一个缺点：它脾气太暴躁了。因为硝酸甘油里的氮元素太容易变成氮气了，所以别说是点火了，就是你拿锤子敲一下，它都有可能突然炸起来。要是这时候有人围在它旁边，非要被炸伤了不可。带着这样的炸药上战场，那岂不是很容易炸伤自己人？

难题终于被解决

科学家们立志解决这个问题，其中有一位瑞典科学家成功了。他的名字，你一定很熟悉，每年大家都会念叨他一次，那就是设立了诺贝尔奖的诺贝尔。

经过了好几年的研究，诺贝尔终于发明了一种安全的硝酸甘油，只有用一种叫“雷管”的特殊装置去引爆，它才会爆炸。要是不用雷管，你拿锤子敲再多次，它也不会爆炸。不用说，这个神奇的雷管也是诺贝尔的杰作。

就这样，世界上第一种安全可靠的炸药就被发明出来了。

诺贝尔并不希望自己的发明被用于战争，于是他就去和一些矿工合作。当时，要想把矿山上的矿石开采出来，需要矿工们用锤子和铁锹一点点地把山砸开。但是有了炸药以后，人们只需要远远地躲开，用引线引爆雷管，就可以炸开很大一片，大大提升了开矿的效率。

于是，诺贝尔的炸药有了更多的销路。不只是矿山，那些修铁路的、挖运河的人，全都找他买炸药。诺贝尔一跃成为欧洲数一数二的富豪。

之后的故事你就知道了，诺贝尔去世后，把这些积累的财富全部捐出来，用来奖励那些伟大的科学家、文学家等。这就是诺贝尔奖的来历。

在诺贝尔去世后不久，德国有一位叫哈伯的科学家，他发明了一种合成氨的技术，可以将氮气和氢气转化成一种叫“氨气”的气体。氨气是一种很重要的原材料，可以制成很多物质，其中就包括硝石。就这样，用氮气来制造硝石的世界难题就被解决了，人们再也不用去辛辛苦苦地寻找硝

石了，哈伯也因此荣获了 1918 年的诺贝尔化学奖。

直到现在，炸药还是工业上必不可少的一种东西，而且和古老的黑火药一样，炸药还是利用氮元素会变成氮气的原理完成爆炸的。

说了半天炸药，你可千万不要觉得，这东西除了开矿、开路，就只会用在战场上。实际上，在很多时候，炸药也在救人。

在咱们平时乘坐的小汽车里，有一种叫安全气囊的东西。在司机握着的方向盘里装有这个东西，在车身两侧上方的柱子里也有。它是一种安全设备，在汽车受到撞击的时候，就会突然膨胀，像气球一样弹射出来，人撞到上面就不容易受伤了。有的气囊里面，装的是一种叫叠氮酸钠的东西，它其实是一种含有氮元素的炸药，受到冲击就会突然释放出很多氮气充满气囊。你看，脾气暴躁的氮元素，有的时候也会被用来保护咱们的安全。

氮元素讲完了，下一章我们要说说空气中含量第二高的元素：氧元素。我们人类离开氧气是没法生存的，可是我却要说，氧元素是一种让人又爱又恨的元素。我们为啥要恨氧元素呢？你先猜猜看，下一章里，我们一起来揭秘。

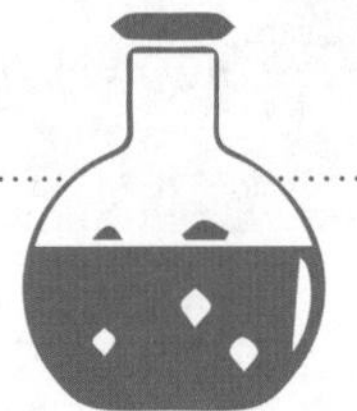

氮的重要化学方程式

1. 点燃的镁条在氮气中不会熄灭，反而会更加剧烈地燃烧起来：

$3Mg+N_2 \xlongequal{点燃} Mg_3N_2$

2. 氮气和氢气在催化剂的作用以及高温、高压的条件下，可反应生成氨气：

$N_2+3H_2 \underset{高温、高压}{\overset{催化剂}{\rightleftharpoons}} 2NH_3$

8 号元素

第二周期第 VI A 族

相对原子质量：16.00

密度：1.429g/L（0℃，1atm）

熔点：−218.79 ℃

氧：提起它，那是让人又爱又恨

以前的氧气是有毒的？

在剧烈运动之后，你有过喘不过来气的经历吗？其实呀，那是身体在告诉你：我缺氧了，我要氧气，大量的氧气！

在这种时刻，你就能深刻地体会到氧元素是对人类最重要的元素。如果没有了氧气，只要几分钟，人就活不下去了，而氧气就是氧元素形成的。

那么，我想问问你：地球上是先有氧气，还是先有生命的呢？要解答这个问题，咱们得从地球刚刚诞生的时候讲起。

那时候，地球上光秃秃的一片，没有生命。空气里面也没有氧气，而是充满了像甲烷、氨气、硫化氢这样的气体。咱们前面说过，硫化氢是一种剧毒气体。而甲烷呢，就是你家里常用的天然气的主要成分，它能够燃烧。而氨气，它带着很浓郁的小便味道，闻起来不光刺鼻，还会伤害眼睛。我们在这种充斥着毒气的环境里，能坚持一分钟就很了不起了。

但是，在 30 多亿年前，有一些古老的细菌却找到了靠这些气体生存下去的办法。它们就是地球上最早的生命。

后来，有一些细菌又进化出了一种叫“光合作用”的能力，可以吸收太阳光，把二氧化碳和水转化为葡萄糖，顺便释放一些氧气出来。这样一来，细菌就可以把太阳光的能量储存起来，就算太阳下山了，它们也能继续活动。

虽然一个细菌释放出来的氧气非常少，但是当时细菌的数量实在太庞大了，它们一见到太阳就开始进行光合作用。就这样日复一日，年复一年，地球上的氧气就越来越多。

后来，海洋中出现了一些生物。一开始，氧气对当时的生物来说是有毒的！于是这些生物就躲在水里，防止被氧气毒死。又不知道过了多少年，有些生物进化出了新的能力，它们不光不怕氧气，还能够利用氧气，通过一种叫“有氧代谢”的方式获取能量。咱们人类就是这些生物的后代。

所以你看，地球上的氧气竟然是生命制造出来的。我们呼吸的时候，可要好好感谢一下这些细菌老祖先呀。

重要的有氧代谢

那么，从祖先传到我们身上的有氧代谢，到底是怎么回事儿呢？

这个过程，虽然时时刻刻都在我们的身体里进行着，但不容易看到。

不过生活中还有一个过程和它很像，那就是燃烧。

咱们在前面提到过，氢气和金刚石都可以燃烧。实际上，它们燃烧的过程，就是和氧元素结合的过程。氢气里的氢元素和氧元素结合，反应生成水；金刚石里的碳元素和氧元素结合，一般就是生成二氧化碳。

理解了燃烧，就很容易理解有氧代谢了。在有氧代谢的时候，身体中有很多不同的元素会和氧元素结合，其中就有很多氢元素和碳元素。所以，等到有氧代谢结束以后，就会产生很多水和二氧化碳。我们呼出的气体和吸进去的空气相比，多了很多水蒸气还有二氧化碳，就是这个原因。

你看，你的身体是不是很像一个小火炉，你吃下去的食物就像是在身体里面燃烧，只是没有火焰，也不会把你烫到。

有氧代谢的效果非常好，因为有了氧气的参与，食物可以被更彻底地利用。虽然那些古老的生物把氧气当作毒气，但是对我们人类来说，有氧代谢实在太重要了，一时一刻也不能停歇。人一旦停止呼吸，就跟用杯子倒扣住点燃的蜡烛一样，很快就熄灭了，那可是非常危险的。你的爸爸、妈妈可能会告诉你，吃饭的时候不要说话，这就是因为，吃饭时候如果说话，食物容易堵住气管，让人不能呼吸新鲜的氧气。

一夜白头是真的吗？

那既然氧气这么重要，为什么它也会让人恨呢？

我们还是先来说个故事吧！大约在 2500 年前，也就是春秋后期，楚国出了一个昏庸的国君楚平王。楚国有一位叫伍子胥的大臣，由于被奸臣诬陷，他的全家都被楚平王杀了，自己也被追杀。于是，伍子胥就开始逃跑，一直跑到吴国的首都，也就是现在的苏州。

伍子胥始终没有忘记自己一家被害的事情，但他很有耐心。他帮助阖闾（Hé lǘ）夺取了王位，又和当时最有名的军事家，也就是写《孙子兵法》的孙武一起，从吴国发兵攻打楚国。当时，楚平王已经去世了，但是因为楚平王治国无能，楚国的国力很弱，所以伍子胥带着军队，一路打到了楚国的首都。虽然战争获胜了，但是伍子胥一想到全家人遇害，还是不解气，就把楚平王的尸体从坟墓里挖出来，用鞭子抽打，这才报了仇。

伍子胥的做法虽然引起了一些争议，但是他韬晦隐忍的精神，让后世非常敬佩。同时，他对苏州的水利建设也做出了巨大贡献，人们一代又一代地传唱着他的传奇，还会建立庙宇去纪念他。

在京剧里面，就有一出戏叫作《伍子胥》，其中有些桥段就是出自民间传说。据说，伍子胥在逃难的时候，来到了一个叫作昭关的地方。那里盘查森严，伍子胥就算插上翅膀也逃不出去，只好住在一位朋友家里。

可是，这样住着也不是办法，眼看日子一天天地过去，追兵还在不停地搜捕，伍子胥觉得自己可能逃不出去了。可是自己活不成也就罢了，更重要的是报不了仇。想着想着，他就哭了起来。他哭了整整一夜，这段凄惨的唱腔也成了京剧里面的经典。就在哭的时候，伍子胥的须发也发生了变化，一开始还很黑亮，后来变得花白，最后竟然变成了雪白的。

朋友看到他一夜之间须发变白，从年轻的小伙子变得像老爷爷一样，顿时有了主意。原来，楚平王为了抓捕伍子胥，在昭关城门口挂了伍子胥的画像。画像上当然是黑胡子，但是伍子胥却成了白胡子老头，看守昭关的人就认不出来了，于是他顺利地从昭关逃了出去。

虽然伍子胥须发一夜变白的事只是传说，但是历史上真的发生过这样的事情并且被记载下来。

咱们在碳元素和氮元素的故事里，都提到过拉瓦锡。但他人生最大的贡献，却和氧元素有关。原来，在拉瓦锡提出异议之前 100 多年的时间里，人们都认为东西会燃烧，是因为它们含有一种叫作“燃素”的神秘元素。这种元素从来没人找到过，谁也说不清它到底是什么。可是，还是有很多人都相信燃素真的存在。

直到最后，拉瓦锡在一个密闭的瓶子里做燃烧实验。结果，瓶子里的气体少了五分之一，而这五分之一就是氧气。他这才发现，原来，世界上并不存在什么燃素，燃烧其实都是氧气的功劳！就这样，拉瓦锡找出了燃烧的奥秘。

这是一个重要的时刻，从这个时候开始，科学家们研究物质的时候就不只是靠幻想，而是要从实验里找到证据才可以。所以，拉瓦锡也被称为“近代化学之父”。

可是，这位近代化学之父的下场却很凄凉。当时，法国爆发了大革命，国王被送上了断头台，而拉瓦锡作为法国贵族，被认为是国王的帮

凶，也就跟着送了命。当时的王后叫玛丽，她一生挥霍无度、剥削人民，更不能被容忍。在被关进牢房里之后，玛丽知道自己不可能有生路，十分绝望。没过几天，她原本金色的头发就全部变白了。所以，“一夜白头”虽然是传说，但是“一星期白头”却有可能是真的。

到现在为止，对于这种头发或者胡子在很短的时间里突然变白的现象，科学家们也还没找到最终的答案。但是，有一个猜想的可能性是最大的，那就是氧元素在作祟。

氧元素的可恨之处

我们的身体不是机器，在进行有氧代谢的时候，并不总是那样精确，会发生一些失误。有的时候，氧气并没有被很好地利用，而是变成一些很可怕的物质，比如超氧离子、过氧化氢等。

这些东西都有很强的破坏性，比如超氧离子会杀死身体里正常的细胞，或者让这些细胞发生变异。有的人脸上会长出很多斑纹，皮肤衰老，就和超氧离子有很大的关系。

过氧化氢也是一样，它还有个名字叫双氧水。虽然它对身体也有一些好处，但是更多的时候，它会对身体原有的状态进行改变。像胡子、头发这些毛发里，原本都有很多黑色素，所以看起来是黑色或者棕色的。当它们遇上过氧化氢以后，黑色素就会褪色。在理发店里，要想把黑头发染成其他颜色，先要把黑头发变得不那么黑，用的药水就是过氧化氢。

所以，一夜白头的原因很可能是人在着急的时候，有氧代谢就不那么

正常了，这样身体里就可能会产生更多的过氧化氢，是它们让头发和胡子在很短的时间里就变白了。

除了可能会让皮肤长斑、头发变白，过多的氧元素可能还会导致一些疾病。航海的船员容易患上一种坏血病，就是因为血液中多了一些含有氧元素的“垃圾”，让血液变坏。多吃一些含有维生素 C 的蔬菜、水果，能够清除掉这些“垃圾”，也就不会再得坏血病了。

你看，氧元素虽然对咱们人类来说必不可少，但它也会造成很多不好的后果，真是“美中不足”呀！

下一章，我们会介绍一种更有破坏力的元素——氟元素。它呀，号称历史上最悲壮的元素，一路走来，一路鲜血，这是怎么回事儿呢？我们下一章再说。

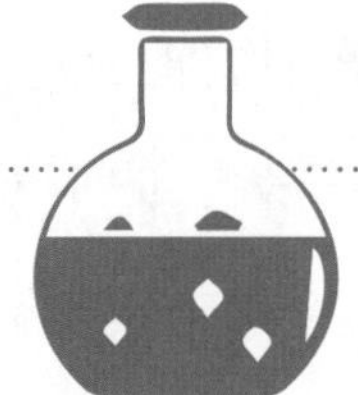

氧的重要化学方程式

1. 在实验室里常用双氧水溶液的分解反应制备氧气。反应中，二氧化锰作为催化剂不参与反应。氧气不易溶于水，故生成的氧气可用排水法收集：

$$2H_2O_2 \xlongequal{MnO_2} 2H_2O + O_2\uparrow$$

2. 大量金属和非金属都能在氧气中发生燃烧反应，并生成相应的氧化物：

$$3Fe + 2O_2 \xlongequal{点燃} Fe_3O_4$$

$$C + O_2 \xlongequal{点燃} CO_2$$

fú

9 号元素

第二周期第 VII A 族

相对原子质量：19.00

密度：1.695g/L（0℃，1atm）

熔点：−219.67℃

氟：史上最悲壮的元素

牙齿的秘密武器

这一章，我们讲一种隐藏在身边的有毒元素——氟。你的爸爸、妈妈可能警告过你：刷牙的时候千万要注意，不能把牙膏咽下去。因为牙膏里含有氟元素，吃下氟元素可是会中毒的。

这个警告其实有点儿道理，但并不是完全正确。而且，这里面还有一个问题：既然氟元素有毒，那咱们为什么还要把它放进牙膏里呢？

有很多人都说，蛀牙就是因为吃了太多糖果，导致牙齿里生了小虫子，小虫子在牙齿上打了很多小洞洞。那氟元素，恐怕是要把小虫子都给毒死吧！

但实际上这种说法只是在打比方，其实人的嘴里是没有小虫子的，只有小到眼睛看不到的细菌。而氟元素最主要的作用也不是杀灭细菌，而是让牙齿变得更坚硬，不怕细菌的破坏。

说起这件事情，咱们要先说说牙齿。牙齿虽然露在肉的外面，但它其

单质沸点：−188.11℃
元素类别：非金属、卤素
性质：常温下为淡黄色、有刺激性气味的剧毒气体
元素应用：不粘锅涂层、空气制冷剂、牙膏等
特点：氟气有剧毒，腐蚀性很强，化学性质极为活泼，氧化性极强

实也是一种骨骼，而且还是人体中最坚硬的骨骼。我们吭哧吭哧就能把煮熟的排骨咬断，有的动物甚至可以把生骨头嚼碎，这就说明，牙齿比一般的骨头更硬一些。而且，一般的骨头很怕酸。要是一般的骨头长在人们的嘴里，让它经常接触醋、可乐这样的食物，那它早就被腐蚀得骨质疏松了。而牙齿呢，你只要不是像喝水一样喝可乐，那就不用太担心。

其实，牙齿比其他骨骼更硬，也更耐酸，是因为牙齿表面有一种特别坚硬的半透明物质，它就像是瓷器外层的釉一样保护着牙齿，这层物质就叫牙釉质。

而含氟牙膏中的氟离子可以让牙釉质保持坚硬的状态，不怕细菌搞破坏。所以呀，你帮爸爸、妈妈挑选牙膏的时候，一定要记得告诉他们挑选含氟的牙膏哦！

而且，含氟牙膏里含有的氟元素不多，如果你偶尔不小心咽下去一点儿，也别害怕，不会中毒的。

但是，你要是把牙膏当饭吃，那氟元素就会摄入过多，让你倒大霉了。

如果牙齿接触了太多的氟元素，就会得一种叫“氟斑牙”的病。轻微的氟斑牙，症状是牙齿上长出淡黄色的斑点，影响美观。但如果氟斑牙很严重，牙齿整个就会变成褐黄色，不好看就算了，还会出现很多孔洞，牙会变得很脆弱。

如果我们吃进去的氟太多，不只是会让牙齿变黄，还会让骨头变质。我们身体里的骨骼，本来是有弹性的，但骨骼要是遇上了氟，就会变得像牙齿一样，虽然很坚硬，但是没了弹性。这时候，人就会时常感到骨头疼痛，关节也会变得像机器人一样僵硬，严重时会导致残废，甚至瘫痪，这种病症被叫作“氟骨病”。

为什么说氟元素是史上最悲壮的元素呢？

虽然氟元素对我们来说很有用，但是它的危害也是非常大的。在人类寻找氟元素的过程中，有好几位科学家因为它中毒了。因此，氟元素可以说是科学史上最悲壮的元素了。下面，咱们就讲讲这段悲壮的故事。

在大概 250 年前，有一位瑞典的大科学家名叫舍勒，是他最早注意到氟元素的。有一次做实验的时候，舍勒把一种叫萤石的矿石和硫酸放在一起加热，结果玻璃居然被腐蚀了，这让他大为吃惊。

你应该在电视剧或者纪录片里看到过，科学家做实验的时候，不管是硫酸还是盐酸，一般都是用玻璃瓶子装的。虽然它们腐蚀性很强，但玻璃

都不害怕。而现在，萤石加上硫酸，竟然生成了能腐蚀玻璃的物质，那是何方妖怪呢？

现在我们知道，萤石的成分就是氟化钙，也就是氟元素和钙元素结合在一起。但在古人看来，萤石是一种很神奇的石头。虽然它长相平平无奇，但是如果白天把萤石放在太阳下照射，到了晚上，萤石就会发出淡淡的光芒。你可能猜到了，古代非常珍贵的夜明珠就是萤石做成的。古人觉得夜里会发光的石头就跟萤火虫似的，因此把这种石头叫作萤石。关于萤石发光的原理，咱们在讲到磷元素的那一章再说。

说回舍勒，他看到萤石这么神奇，就也想研究研究。因为萤石不能溶解在水里，他也拿萤石没什么办法，只好试着用硫酸去溶解。这一试，就发生了玻璃被腐蚀的离奇现象。于是，舍勒就推测萤石里面一定含有什么很特殊的元素，是这种元素把玻璃腐蚀了。但是，他没有办法把这种元素分离出来，只好给它起名叫作“萤石气”。现在氟元素的英文意思，指的就是萤石气。

舍勒很想找出这种元素，但是很可惜，没过多久他就去世了，当时只有 44 岁。舍勒的死因，现在已经没人知道了。很多人都猜测他是因为研究氟中毒了。这可不是胡乱猜测，因为在他去世后的 100 年里，又有好几位科学家都因为想要找出氟元素而去世了，人们这才知道氟元素居然这么可怕。

也有一些科学家很幸运，没有中毒，但是他们也没能成功地把氟元素找出来。

比如英国有位科学家叫戴维，他学会了一种通电的办法，只要在水里存在的元素，通过通电的方式就可以分离出来。就这样，戴维分离出了好几种元素，成了当时声名最显赫的化学家。

当戴维知道萤石里面还有一种很特别的元素时，他立刻打起精神。戴维相信自己的方法肯定会有效。但是，他首先要解决的问题就是萤石溶解以后，应该用什么容器去装。玻璃已经失败了，他就想到了黄金和铂金。于是，戴维花重金打造了黄金瓶和铂金瓶，结果又被腐蚀了。就在实在没办法时，他灵机一动，想到既然这种元素会腐蚀别的元素，那么干脆直接用萤石当作容器！它总不能连自己也腐蚀吧？戴维又试了试，果然成功了。

可是，戴维对萤石的溶液通电之后，实验结果又出乎他的意料。他给萤石的溶液通电后，分离出来的并不是氟元素形成的氟气，而是氢气和氧气。也就是说，通电之后，是水发生了分解，氟元素丝毫没有发生变化。

戴维还想接着研究，可是却发现自己的身体越来越差。他怀疑是氟元素让他中毒，只好放弃。但是就算中途放弃，戴维也只活到 51 岁就去世了。

就这样，人们前赴后继地去寻找氟元素，却迎来一次又一次的失败。到最后，一位年轻人站了出来，发誓解决这个难题。他就是莫瓦桑，那位

后来被助手欺骗，以为自己将石墨制成钻石的科学家。莫瓦桑明明已经知道氟元素有多可怕了，但是他明知山有虎，偏向虎山行，偏偏就把找出氟元素当成自己的研究目标。

莫瓦桑分析了前人失败的原因，找到了不用水就能给萤石通电的办法。这样就可以避免像戴维那样，只做到把水分解的程度。但是一开始，他还是没能成功。莫瓦桑并没有灰心，他猛然想到，该不是因为实验的时候温度太高，所以刚把氟元素分离出来，它就和其他物质结合了吧？

于是，莫瓦桑通过巧妙的设计，把实验温度控制到了零下 23 摄氏度，终于把氟元素分离了出来。因为常温条件下，氟元素是气体，所以被叫作氟气。氟气是一种淡黄色的气体，散发着一种难以形容的臭味。它的性质非常活泼，几乎能跟所有的元素发生反应，就连黄金在加热后都能在氟气中燃烧，所以世界上的绝大多数容器都不能存放氟气。

莫瓦桑的实验结果震惊了当时的科学界。1906 年，他就是因为这个成就获得了诺贝尔化学奖。这时候，距离舍勒预言世界上存在氟元素，已经过去 100 多年了。

但是，氟气并不会真的给人带来福气。长期和氟元素打交道，让莫瓦桑不知不觉中也中了毒，获奖之后不久，他就去世了。

所以，你看氟元素是一种多么危险的元素呀。还好有那么多不怕危险、为了科学不惜献出生命的科学家，咱们现在才能驯服氟元素，让它变得有用。

还有其他用处

除了牙膏，一些不粘锅的有效成分也是一种含氟的物质，叫特氟龙。把特氟龙涂在锅底，在做饭炒菜的时候，不管饭菜糊成什么样子，都不会粘锅了。还有一种含氟的物质叫氟利昂，冰箱和空调里最早的制冷剂就是氟利昂。只不过，氟利昂虽然对人没有什么毒，却会破坏臭氧层，所以后来就被其他制冷剂取代了。

氟还能用来制造一种叫作全氟烃的神奇液体，它可以溶解很多氧气，这样就算人掉进去了，也不会窒息，可以像鱼儿一样沉在里面游泳。这种液体，现在已经在一些手术中发挥了用处。比如在换肺手术中，病人不能自主呼吸的情况下，就可以短时间从这种液体里面获取氧气。

虽然说了这么多，但我们对氟元素的了解还是太少了，说不定它还会

有一些更奇特的用途等着我们将来去发现呢。

下一章呢，我们就来说说戴维用通电法发现的钠元素。钠元素在历史上起到的作用可真不小。谁要是掌控了它就相当于有了一棵摇钱树，想赚多少钱就有多少钱。那这究竟是怎么回事儿呢？我们下一章再说。

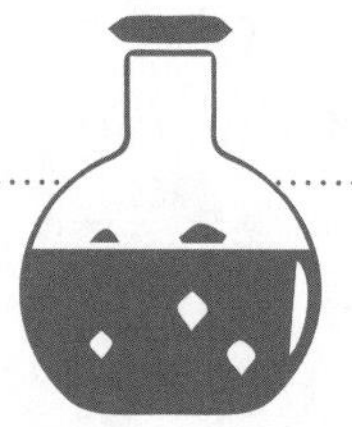

氟的重要化学方程式

1. 氟气与水反应可以将水中的氢元素夺走，并释放出氧气：

$2F_2+2H_2O = 4HF+O_2$

2. 氟气的化学性质非常活泼，可以与氢气发生爆炸性化合反应，生成氟化氢：

$H_2+F_2 = 2HF$

nà

11 号元素
第三周期第 I A 族
相对原子质量：22.99
密度：0.97g/cm³
熔点：97.794℃

钠：一种能够让人暴富的元素

权力和财富的象征

你在写作文的时候，有没有用过“酸甜苦辣”这个词语呢？这个词语在文章中出现的频率很高，既可以用来形容人生的滋味，又可以用来形容味道。但人最离不开的味道其实不是酸甜苦辣，而是咸，食盐带来的咸味。

如果长时间不吃盐，我们就会感觉头晕、身体没力气。如果缺盐缺得太严重，我们就有可能丧失生命。而盐，它之所以这么重要，主要就是因为盐里面含有钠元素。我们身体里的每一个细胞都要靠钠元素保持活力。我们的神经系统指挥身体活动，靠的也是钠元素。没有酸甜苦辣，我们还能生存，但是如果不吃盐，不能获得钠元素，那我们就保不住小命啦。

在古代，人们就已经发现了这个秘密。所以，古人就把食盐牢牢地控制住，把它当成一种重要的战略资源，谁要是掌控了食盐，谁就掌握了财

单质沸点：882.94℃
元素类别：碱金属
性质：常温下为银白色金属
元素应用：食盐、苏打、钠光灯等
特点：化学性质非常活泼

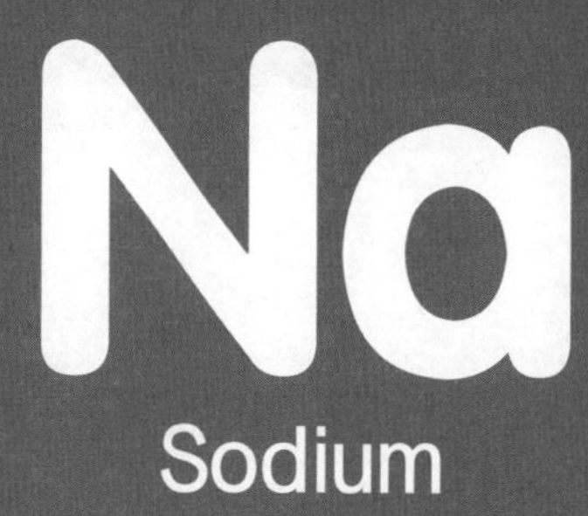

富和权力。

2000 多年前，也就是春秋时期，中国大地上有上百个诸侯国，他们都想变得富强，成为霸主。其中有一个诸侯国叫齐国，齐国管理的地方是在现在的山东一带，当时齐国的实力与其他诸侯国相比还比较落后，齐国的国君齐桓公很着急。

这时候，齐国的大臣管仲提出了一个想法。他说虽然齐国种粮食的收

真是个好主意！

成不是特别好，可是齐国靠海，能够从海水里晒出食盐，这可是其他诸侯国都没有的。要是把这些盐卖给其他诸侯国，齐国岂不是就能赚大钱了？

真是个好主意！于是，齐桓公就听从了管仲的建议。结果真的跟管仲预测的一样，齐国很快就成了当时最富强的诸侯国，齐桓公也成了号令一方的霸主。

后来，虽然齐国还是灭亡了，但是管仲的这个谋略却流传了下来。很多皇帝都把食盐当作发展壮大国家的捷径。比方说汉武帝吧，他为了增加财政收入，就把食盐的买卖收为国有。只有国家才能贩卖食盐，而普通人贩卖食盐就是违法行为。这样一来，家家户户就只能从国家那里买盐了，国家果然赚了大钱，军费就筹集到了。

到了清朝的时候，国家还把买卖食盐的资格交给一些商人。当然，这些商人也大赚特赚，几乎成了全天下最有钱的一群人。

不只是在中国古代，在古罗马拥有食盐也是拥有财富的象征。那时候，士兵打完一场胜仗凯旋，得到的薪水不是金子，不是银子，不是钱，而是食盐！所以呀，今天英语里的薪水这个单词“salary”长得那么像食盐“salt”就不奇怪了。

食盐的小弟也不容轻视

关于食盐就是财富的故事还有很多很多，你在别的地方也能找到。所以今天食盐的故事就讲到这里，接下来我再给你讲讲食盐的小弟——苏

打，就是苏打水里的那个苏打。苏打也是一种含有钠元素的物质，人们靠着苏打，赚的钱可不比食盐少。

在很多自然形成的湖泊里，非常容易找到苏打。它跟食盐一样，尝起来也有点儿咸，不过，苏打还多了点儿苦味。因为苏打是碱性的，一旦遇到酸性的东西，比如醋或者柠檬汁，就会发生反应，冒出二氧化碳气泡。所以古代人觉得苏打很神奇，就有意识地把它们收集了起来。

苏打就只会冒泡泡吗？要是它只有这个本事，那就不会让人赚大钱了。

在大约 3500 年前，据说古埃及人用苏打制作出了一种透明的石头。他们把苏打和沙子放在一起，用木炭把它们烧热熔化。等到液体冷却再凝固以后，原本平平无奇的沙子，竟然来了一个大变身，变成一种闪闪亮、晶莹剔透的石头。

那是什么呢？没错，就是玻璃。虽然人们还不确定古埃及人到底是怎么制造玻璃的，但是在古埃及确实可以找到一些很像玻璃的古代工艺品。所以，现在人们一般都认为是古埃及人发明了玻璃。

除用来制造玻璃以外，苏

打还经常被用来制作肥皂。人们把苏打和油脂放在一起加热，就做出了肥皂。实际上，就算不用肥皂，如果手上沾满了油，直接抹一点儿苏打粉，也能够洗掉油污。

到了近代，水泥被发明了出来，苏打也是制造水泥的原材料。

还有我们喜欢喝的可乐，它的前身就是把果汁和苏打配在一起的饮料。酸性的果汁会让苏打产生气泡，人们都很喜欢它。

总之，苏打的作用实在是太大了。但问题是，古代的人们很难获取苏打。食盐溶解在海洋里，只要把海水晒干，就可以得到很多食盐。苏打和食盐却不一样，苏打虽然也溶解在一些湖泊里，可是把这些湖水晒干以后，得到的竟然还是食盐，而很少有苏打。

制碱方法成为发财秘籍

100 多年前，人们根本搞不懂这是什么原因，可是大家对苏打的需求却越来越大，于是苏打的价格就越来越高。这时，在比利时有一个叫索尔维的化学家，立志要改变这一切。

索尔维的父亲就是一位生产食盐的工厂老板，受家庭的影响，索尔维早就熟悉了食盐的特性。食盐和苏打都含有钠元素，只不过，食盐是钠元素和氯元素组合起来，苏打却是钠元素和碳元素还有氧元素组合在一起。因为钠元素更容易和氯元素结合，所以只要湖水里有氯，晒干的时候总是更容易出现食盐，只有在自然界的一些特殊条件下，才会形成

苏打。

索尔维的想法很简单，他明白苏打是碱性的，所以在碱性的条件下更容易形成苏打。那么只要把食盐和碱性的东西放在一起，然后再加入一些二氧化碳，提供苏打需要的氧元素和碳元素，就能够满足形成苏打需要的条件了。

于是，他就把食盐、碱性的氨水与石灰，还有二氧化碳放在一起，没想到很快就成功了。在父亲和比利时政府的支持下，索尔维扩大了苏打的生产规模，又改进了生产配方。在当时，世界上还有另外的人也想到一些其他办法生产苏打。但是，索尔维生产的苏打却是纯度最高的，没什么杂质，人们都把它叫作纯碱。他的这种生产方法，也被称为索尔维制碱法。

正因为索尔维生产出的苏打是全世界最好的，苏打又是一种非常紧俏的商品，所以索尔维没过多久就成为欧洲大陆数一数二的富豪，风头不亚于之前的诺贝尔。

诺贝尔留下遗嘱设立了诺贝尔奖，表彰那些伟大的科学家。成为大富豪的索尔维也想为科学做贡献，于是他就邀请全世界伟大的科学家们一起开会，讨论那些高难度的问题，希望这样的交流可以帮助大家突破研究难关，为人类解决更多难题。会议每三年举办一次，由索尔维承包所有经费。直到现在，索尔维会议还在持续召开呢。在历史上的各次会议中，最厉害的要数 1927 年召开的第五届索尔维会议了。那可真是群英荟萃，爱因斯坦、居里夫人，还有你将来在课本上要学到的很多科学家，大都参会了。

索尔维制碱法让索尔维赚了很多钱，所以这种方法的奥秘一直被保守得很严密。就算有人模仿索尔维制碱法，也做不出来那么好的苏打，只能花高价去买索尔维的产品。

但是，对当时的中国来说，购买这种高价的苏打是很沉重的负担。有一位叫侯德榜的科学家经过多年的研究，居然找到了一种比索尔维制碱法更厉害的办法，这也就是教科书上的侯氏制碱法。这些知识，将来你在中学化学课里会学到。

侯德榜本可以靠他的制碱法摇身变成大富豪，但是为了祖国，侯德榜却没有那样做。他不仅没有利用苏打为自己谋利，还为中国创建了很多重要的化学工厂，做出了巨大的贡献。

无论是食盐还是苏打，古往今来，钠元素都让无数人赚到了大钱。然而，钠元素不属于任何人，它是全人类的财富。所以，我们不应该像古代的盐商那样，用它去为自己谋私利，而是要向索尔维和侯德榜学习，投入到全人类的发展事业中去。

下一章呢，咱们讲讲镁元素。你可能听说过，照相机照相时候发出强烈闪光的灯叫镁光灯，那你猜猜看，现在手机的闪光灯里有镁元素吗？咱们下一章揭秘！

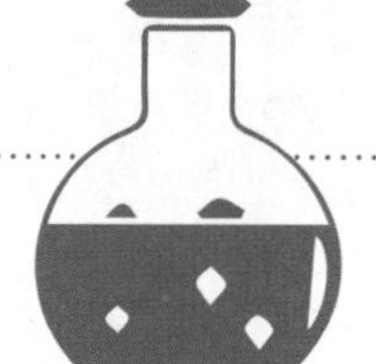

钠的重要化学方程式

1. 钠可以与水剧烈反应并放出热量。由于钠的熔点低、密度小，与水反应时钠会熔成一个小球并漂浮在水面上：

$2Na+2H_2O=2NaOH+H_2\uparrow$

2. 过氧化钠可与二氧化碳反应，生成氧气：

$2Na_2O_2+2CO_2=2Na_2CO_3+O_2$

12 号元素

第三周期第ⅡA 族

相对原子质量：24.31

密度：1.74g/cm^3（5℃，1atm）

熔点：650℃

镁：照相机闪光的奥秘

真假镁粉

如果看过体操比赛或者举重比赛，你可能会对一个场景印象深刻：运动员在上场之前，总是会在手上涂抹一种白色的粉末。有时候，解说员会解释说白色的粉末叫镁粉，抹在手上可以防滑。

那这种粉末是怎么防滑的呢？

其实，虽然这种白色的粉末被叫作镁粉，但它并不是镁单质做的粉。镁是一种银白色的金属，用金属镁做成的粉末，就和铁粉有些像，看起来灰不溜丢的，可不是这种白得像面粉的镁粉。

运动场上这种用来防滑的镁粉，是一种叫碳酸镁物质的粉末。上一章里说到的苏打叫碳酸钠，就是钠元素和碳元素、氧元素结合起来的物质。所以这里的碳酸镁，就是镁元素和碳元素、氧元素结合之后的产物。

不过，碳酸镁和碳酸钠还是很不一样的。碳酸钠很轻易就会溶解在水里，一勺苏打粉泡在水里，摇一摇就消失不见了；但是，碳酸镁只能在水

单质沸点：1090℃
元素类别：碱土金属
性质：常温下为银白色金属
元素应用：镁粉、耐火材料、镁光灯等
特点：单质易燃，化学性质活泼；
镁元素是人体的必需元素之一

里溶解一点点，在水里倒一勺碳酸镁，摇一摇，看不出什么明显的变化。

可你要是把这些碳酸镁全都捞出来，就会发现它们重了很多，就像毛巾从水里捞出来一样。原来，碳酸镁有个非常奇异的特性，就是吸水能力特别强。

有多强呢？你想，日常生活中，毛巾算是吸水能力很强了吧！虽然想用手拧干毛巾不容易，但是放在阳光下晒一晒，毛巾就完全干了；可是对碳酸镁来说就不行了，就算是用火灼烧，把它烧到分解的程度，其中还是会残留一些水分。

人们一直以为，想要找到完全不含水的碳酸镁是不可能的。到了2013 年，这个难题才被几位瑞典的科学家解决，他们意外地用低温造出了一种不含水的碳酸镁，并起了个名字叫“乌普萨盐”。这种乌普萨盐的吸水能力就更强了，哪怕你住在湿度很高的亚马孙雨林里，在房间里放上一些乌普萨盐，房间里也很快就像是在撒哈拉沙漠里一样干燥。

碳酸镁不仅能够吸水，更重要的是，它吸水之后还不像面粉那样变成面团，而是还跟普通的粉末一样，甚至还非常干爽。

像体操这样的运动，运动员经常需要握住高高的横杠，可要是手心出汗了，抓握的时候就容易打滑，那可就危险了。所以，这些运动员在比赛前，在手上抹上一层碳酸镁的粉末，就算出汗了，碳酸镁也会把汗水吸走，这样就不容易打滑了。

出人意料的强大能力

除了能够吸水，镁元素还有很多其他的能力。

如果你看过《西游记》，肯定知道有一种三昧（mèi）真火。太上老君的炼丹炉里用的就是这种火，传说它可以把任何东西都烧化了，最后提取精华变成仙丹。但问题是，这么厉害的火，难道不会把炼丹炉本身给烧化吗？

那我就要告诉你，如果炼丹炉是氧化镁做的，还真有可能抵挡住三昧真火的威力。氧化镁就是镁元素和氧元素组成的一种物质，它特别耐热，而且不管怎么烧，都不会分解，所以经常用来做耐火砖。化学实验室里也会用到一种“炼丹炉”，名字叫作坩埚，一般就是用氧化镁做成的。

氧化镁为什么会这么厉害呢？这是因为在所有能够和氧元素结合的元素中，镁元素是和氧元素结合得最紧密的那一个，想要把它们分开，那可是难上加难。因此，氧化镁就跟孙悟空一样，三昧真火都拿它没办法。

所以，把镁放在空气中可不是一个明智的行为。就说真正的镁粉吧，它很容易和空气中的氧元素结合，一瞬间就产生剧烈的爆炸。这还引起过

很多事故，造成了不小的伤亡。

镁元素的妙用

但是，就是这样一个反应，有人却想到了它的妙用，让照相机真正能够发挥作用。

现在一说起照相，你可能首先想到的就是掏出手机，打开照相功能，然后按一个键，照片就拍好了。可是，你知道吗？在 1839 年照相机刚刚发明出来的时候，照相其实是一件很痛苦的事情。

假如你穿越到那个时候，请一位摄影师帮你拍照，那么你就要做好心理准备了！你需要在照相室里坐上半个小时，一动都不能动，最好连眼睛都不要眨，这样才能拍出一张像样的照片来。你可能要问了，为什么要等这么久呢？

这就要讲讲初期的照相机应用了什么原理，它是怎么拍出人像的了。

其实，只要你选个晴朗的天气，去树影下面走一走就能够知道照相是怎么回事儿了。树叶影子和一般的影子不一样，你看人的影子，可以看得出人体的部位，甚至可以看清头发；可是你看树叶的影子，却看不到树叶的模样，只有一个个圆形的光影。这些圆形的光影，其实就是太阳透过树叶的缝隙，在地面上照射出太阳本身的模样。可以说，这时候地面上的这些光影，就是树叶给太阳拍出来的“照片”。这个现象，就叫小孔成像。

可是，为什么树叶的缝隙只能给太阳拍照呢？这是因为，只有太阳足够亮。假如天空中飞过一只鸟，它的光影也会透过树叶，在地面上拍出照片。不过，这只鸟反射的光芒实在是太弱了，凭我们的眼睛根本看不清。

最早的照相机，也遇到了类似的问题。在照相机里，有一个组成部分叫底片，就和前面说的投射太阳的地面一样，可以用来感受光线，再把图像显示出来。可是，一般的光线都太弱了，比如拍人像的时候，要人脸上反射的光照到底片上才可以，这个光的强度当然和太阳没法比了。

于是，那时的人们就想了个办法，既然光线太弱了，那就把拍照的时间拉长一些，把这些光收集起来，这样不就能让底片感受到更多的光了吗？这个办法倒是有点儿用，所以人们想要拍照，经常需要保持一个姿势几分钟不动，有时候也许长达半个小时。

可是这样下去也不是个办法啊，拍个照片就要花半小时，实在太受罪了。所以在照相机刚刚发明出来的时候，人们还是不爱拍照，而是更愿意去找画师们画像。最起码画像的时候，作为模特，他们的身体还能活动活动。

照相机的发明家们其实很清楚这个问题该怎么解决，只要能够创造出一种光，在拍照的时候照射到人的脸上，让脸上反射出更强的光，不就可以了吗？

可是，当时还没有电灯，要想有光就只有用点火的办法，像蜡烛那样发出光芒。于是，人们试了很多种火焰，却没有一个是好用的。照相机还是跟摆设一样，没有人愿意用它拍照。

就在照相机出现前不久，英国科学家戴维分离出了金属镁。就是这种元素，改变了照相机的困境。

原来，科学家们在研究镁的时候发现，如果用火把金属镁点着的话，

镁就会很快地和氧气结合，发射出特别耀眼的白光。有多亮呢？这么说吧，如果这束白光突然出现在你的眼前，你会感觉自己就像失明了一样，过好久才会恢复过来。

这么强的光，要是用来拍照会怎样呢？有人就想了个办法，拍照的时候喊一个口令，摄影师的助手就会把金属镁点着，拍照的人同时摆好姿势。这样的话，镁燃烧时发出的强光照在人的脸上，然后再反射到底片上，照片一下子就拍出来了。

之后，人们又将金属镁制成了灯。这种专门用来拍照的灯，就是后来人们常说的镁光灯了。就这样，照相机总算找到了它的用武之地。人们不再喜欢画像，流传下来的照片也就越来越多了。再后来，虽然电灯被发明

出来，但是早期的电灯还是比镁光灯暗多了。于是人们想办法把镁光灯也做成了用电启动的灯，摄影师只要在按下快门的时候，同时也按下开关把镁光灯点亮，就能完成拍照了。

不过，这种镁光灯后来还是被更先进的电灯替代了。我们现在的手机、相机，虽然在拍照的时候也会强光一闪，但这光已经不是用金属镁燃烧形成的了。可是，人们还是更喜欢叫它们“镁光灯”，就是因为有了镁元素，照相机技术才真正发展起来。

你看，镁元素是不是一个很全能的元素？它能吸水，耐火烧，还改变了照相机的命运。欢迎你把这一章的故事分享给小伙伴，让他们也认识一下镁这种奇妙的元素。

我们下一册要说的第一个元素，也是一个非常全能的元素，那就是铝元素。它又有什么故事呢？我们下一本书里见。

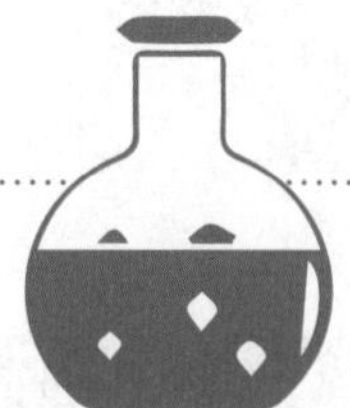

镁的重要化学方程式

1. 镁在氧气中燃烧生成氧化镁，并发出耀眼白光：

$2Mg+O_2 \overset{点燃}{=\!=} 2MgO$

2. 镁可以在二氧化碳中燃烧：

$2Mg+CO_2 \overset{点燃}{=\!=} 2MgO+C$

3. 氧化镁是一种碱性氧化物，难溶于水，可以与酸进行反应：

$MgO+2HCl = MgCl_2+H_2O$